南北鱼羊

美食历史的探寻

高维生 著
猪小乐 绘

团结出版社

图书在版编目（CIP）数据

南北鱼羊 : 美食历史的探寻 / 高维生著. -- 北京 : 团结出版社, 2022.2

ISBN 978-7-5126-9134-6

Ⅰ. ①南… Ⅱ. ①高… Ⅲ. ①饮食—文化史—中国 Ⅳ. ①TS971.202

中国版本图书馆CIP数据核字(2021)第179067号

出　版：团结出版社
（北京市东城区东皇城根南街84号　邮编：100006）
电　话：（010）65228880　65244790（出版社）
（010）65238766　85113874　65133603（发行部）
（010）65133603（邮购）
网　址：http://www.tjpress.com
E-mail：zb65244790@vip.163.com
tjcbsfxb@163.com（发行部邮购）
经　销：全国新华书店
印　装：三河市东方印刷有限公司

开　本：146mm×210mm　32开
印　张：7.125
字　数：104千字
版　次：2022年2月　第1版
印　次：2022年2月　第1次印刷

书　号：978-7-5126-9134-6
定　价：38.00元

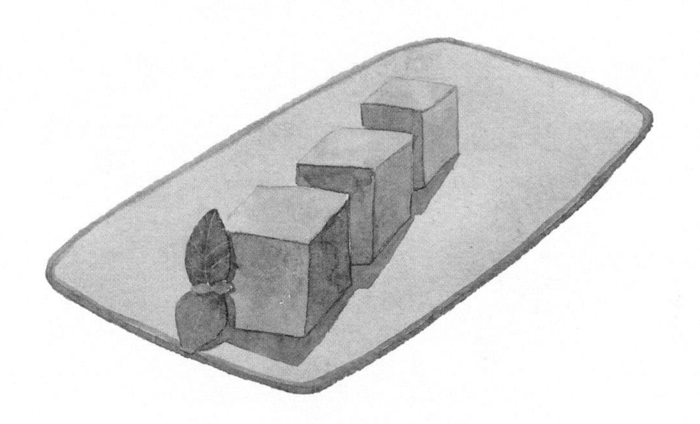

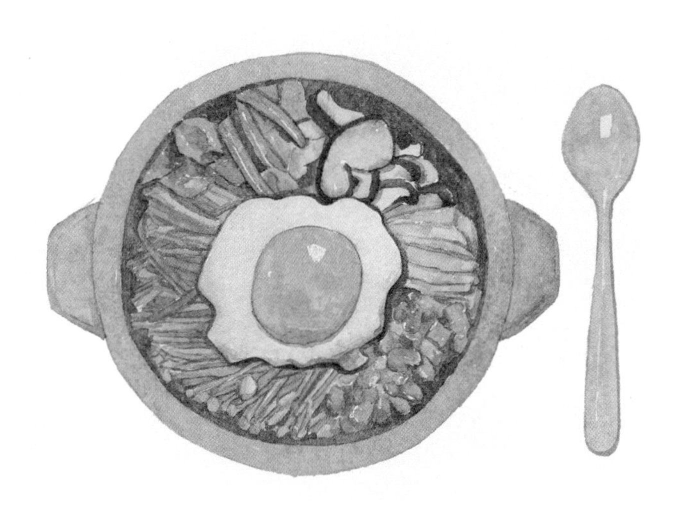

味道的钥匙

高维生

多年以来，戈登·谢泼德从事嗅觉研究，他的理论认为："曾经我们认为嗅觉是日常生活中最无用的感觉，而现在，凭借它在味道中的重要作用，嗅觉成为最为重要的感觉之一。这产生一个新的概念：独特的人类大脑味道系统。它也许是大脑中分布最为广泛的行为系统，包括产生知觉、情绪、记忆、意识、语言、决策，所有这些都以味道为中心。"他提出行为系统不是符号，既有感觉材料，又有精神意义，两者不可分开。它是思想，也是感情形式的语言，每个符号是一张图像，有特定的体系。

神经科学家提出，把气味分子想象成钥匙，插入大脑记忆中转动钥匙，贮存的信息，以图像的形式出现在大脑中。我们品尝每一道菜，在大脑中存下色彩斑斓的图像，有形，有态，有色。

每个人生活的地域不同，文化背景也不一样，人们对美食各有偏爱，美食不仅美味，还可延伸到美学。美食不仅是物质，自古以来，还扮演着不可替代的角色。我国各地气候、饮食习惯方面有差异，不同地区的人们口味喜好不一样，形成地域饮食的独特性。

美食不是独立存在的，它有着历史和文化支撑。一段历史，一个人物，一道菜，它们联结在一起，发生许多事情。用历史特制刀具，把事情组织切片，放在时间显微镜下观察和研究，发现历史真相。

近几年，我来往于各个地方，这种行走改变生活现状，品尝不同食物，对地域文化思考。行走不囿于旅游观光，离开自己熟悉的地域文化，到另一种陌生的环境中行走，在观察和学习之中体验人生，去探究历史。

春秋时期齐国政治家管仲说："王者以民为天，民以食为天，能知天之天者，斯可矣。"民以食为天的观念历史悠久，根底深厚，说明百姓对于吃的认识，贯穿于我国文明发展的整个历史中。

人们看待美食，认为吃吃喝喝是人之常情。潘知常指出："归根结底，中国饮食的发展是中国华夏民族对于文化的一种创造，而中国饮食文化的发展和繁荣则是中国文化的发展和繁荣的集中体现。"

艺术创造来源于生活，却高于生活，艺术是生活的提炼和创造。生活是一部大书，它囊括人在自然界中所有活动和行为形成文化，艺术家用各种形式表现出来。

近几年我在旅行途中，遭遇许多食物，《说文解字》解释："遭，遇也，从辵，曹声。"这个遭字，含有丰富的意义。这是两种文化碰撞，产生新文化的模式。人们有自己的故乡、生存的文化体系，离开熟悉的地方，来到陌生地域，面对新文化，一切从食开始。"夫礼之初，始诸饮食"。在传统文化中的伦理道德观念、中医营养学，还有饮食审美、民族性格，诸多因素影响下，形成博大精深的饮食文化，由此引申出民俗、历史、人物和传说。

我在行走中品味各种食物，探究历史文化，感受南北地域差异。从多维视觉，体味各地域美食，剖析其根植的背景，不囿于小范围的认知。

二〇二〇年九月二十二日于抱书斋

目录

第一辑 人间鲜馔

第二辑 四季食思

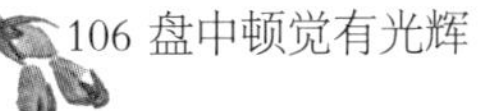

第三辑

寻味乡间

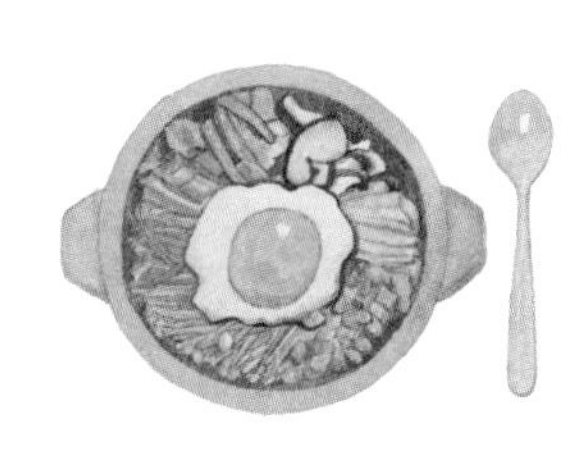

第一辑

人间鲜馔

深藏历史的秘密
云成五色的小镇
一轮秋影转金波
豌豆黄儿久著名
当秋万穗红
玻璃夹饼
御艾窝窝
两地小吃
龙虎斗
东北卷煎
轱辘面饽饽
形如偃月，天下通食
小肉饭
植物肉
贵阳丝娃娃
家常黑菜
酸菜炒小米饭

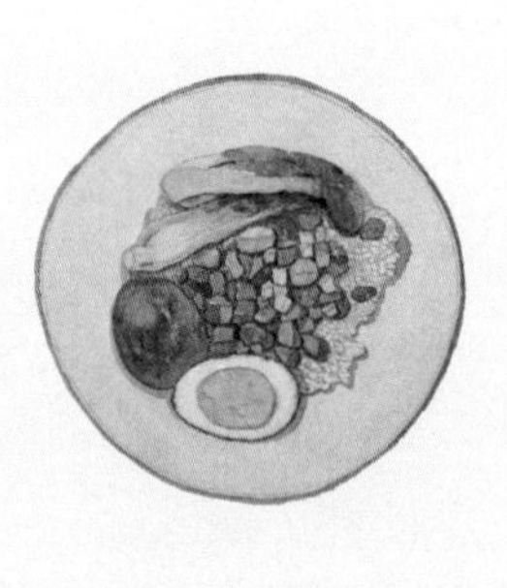

深藏历史的秘密

早饭后散步，改变过去路线。原来走出小区，顺着渤海九路向南走，至长江一路向左拐，从高杜早市边经过，走上黄河大堰奔蒲湖。现在从长江一路改为向西走，到了渤海十路往北走，返回黄河一路。

新路线过去很少走，在“渤十黄一”路口处，有一家卖泰山火烧的小店，皮酥脆入味，内瓤咸香。隔几天早晨，妻子买几个做早餐，做鸡蛋甩袖汤，配几片绿叶菜，一顿完美早餐。

范镇，泰安岱岳区和莱芜交界处，属于泰莱平原腹地。泰山范镇驴油火烧，又称油酥火烧，俗谓泰山火烧。传说中范镇驴油火烧，起源于汉武帝冬巡第八次登泰山时的庆典宴会，又得到唐宋帝王喜爱。乾隆初年，范镇村民徐畅在大财主家做面案师，使其得到发展，形成十八道工序的名吃。他用盐、油和的面经过烧烤后，烧饼口感味美，范镇油酥火烧由此诞生，经过几代人改进，范镇油酥火烧名声大作。

乾隆四十五年春，范镇岱云寺赶庙会。知府带着一班衙役，来到徐家烧饼棚前，让二代传人徐亭贵接旨。去泰安岱庙御座候驾，现场表演徐家烧饼制作。

乾隆皇帝下江南路经泰安，到泰山顶上烧香，一定要品尝泰山小吃，范镇油酥火烧有幸入选。乾隆品尝徐家烧饼，非常高兴，题写“徐家烧饼铺”条幅，御赐给徐亭贵。从此之后，徐家有了自己牌匾，名气达到鼎盛时期。

同治三年（1864 年），丁宝桢任山东巡抚，他特邀第三代传人徐景文为客人，题词“徐家烧饼，锦上添花”。并撰文赞赏，“徐家烧饼，以火烤之，火有向上之焰，有升迁兴旺之意；其形圆，有团圆圆满之说；其层数厚道，且有心多智多之讲；其香浓，以示名闻四方矣。简之，徐家烧饼是瑞祥之面食也”。丁宝桢在山东为官，曾命家厨改良鲁菜“酱爆鸡丁”为辣

炒，后来在四川任总督推广此菜，创制鸡丁、红辣椒、花生米下锅爆炒的美味，丁家私房菜，成为宫保鸡丁。所谓宫保，其实是丁宝桢的荣誉官衔，凭借官方美食家赞扬，范镇烧饼名声更响亮。

一九八三年，我家从东北搬至滨州，举目无亲。在长途汽车站认识文友尹胜利，我们都是二十多岁，狂热地喜爱文学。

尹胜利请我去泰安看日出。晚上准备登山，在泰山脚下小吃店，买了几个泰山火烧路上吃。当时没有塑料袋，而是纸袋包装。让店主多套一个纸袋，怕火烧油浸染背包。店主听我是外地口音，他说自己姓徐，他家泰山火烧正宗，店主说起火烧过往的事情。

范镇徐家火烧十八道工序，不可缺一，代代传承家训。相传四代传人徐献汶，有一次为官衙制作火烧，走进铺里时由于匆忙，忘记准备做火烧的菜油。遇上东阿驴油商贩，情急之下，便拿驴油替代菜油，没有想到的是，竟然创造了驴油火烧辉煌。驴油烧制火烧颜色好看，味道香酥。

美食的产生，离不开历史背景，这独有的地域环境，深藏着文化的秘密。

二〇二〇年八月二十二日，这一天处暑，即为出暑，是炎热离开的意思。《月令七十二候集解》说：“处，止也，暑气至此而止矣。”处是终止的意思，炎热天气到了尾声，暑气渐渐消退，由炎热向凉爽过渡。农谚曰：“处暑天还暑，好似秋老虎。”苏泂在《长江二首》中写道：

处暑无三日，新凉直万金。

白头更世事，青草印禅心。

放鹤婆娑舞，听蛩断续吟。

极知仁者寿，未必海之深。

苏泂写出酷暑过后对秋凉的感激之情。

下午五点，阳光不那么毒辣，人行道上的树荫，挡住残阳映照。来到“黄一渤九”，看到泰山火烧小店，窗口前有一名妇女在售卖。从窗口向里望去，案上摆着两个大笸箩，盖着白色棉被，里面是热乎乎的泰山火烧。

七八岁的小男孩问，要五香的还是肉的，我说来两个五香的。小男孩动作熟练，用夹子捡两个火烧，装进塑料袋中。拎着泰山火烧，走在回家的路上。

云成五色的小镇

九点多钟，在买菜的路上接到高淳海的电话，让我准备去青岩古镇，于是返回家中带相机，随身东西放在背包里。从御林铭园小区出发，沿着花溪大道，开车半个多小时路程。

青岩古镇在贵阳南郊，它是贵州四大古镇之一，建于明洪武十年，原为军事要塞。青岩古镇的建筑交错而生，且檐角飞翘，相互呼应，层次丰富，体现建筑韵律美。

青岩古镇历史厚重，出现过许多著名人物，清朝初期有名的大儒，青岩黔陶骑龙村人周渔璜，人称“周宫詹”，是康熙皇帝的近臣。张玉书、陈廷敬等奉旨编纂《康熙字典》时，二十七名纂修者中，周渔璜名列第三位。古镇内还有贵州第一个文状元赵状元府第、近代史上震惊中外的青岩教案遗址、平

刚先生故居、红军长征作战指挥部等历史文物。

从南门走进青岩古镇，不仅有人文历史，也有人们喜欢的小吃，糕粑稀饭，米豆腐，豆腐圆子，玫瑰冰粉，洋芋粑粑，卤猪蹄，小米渣，酸菜炒汤圆，黑糯米酒。青岩古镇的背街是一条石巷，青石板铺路，经过几百年的磨砺，具有跨越时空的神秘感。贵阳境内典型的喀斯特地貌，山多石多，民居以石片做瓦，街边片石垒墙，路窄而幽静，沿山势起伏。文昌阁对面“百无一用”书店，我买了诗人童绥福、田花诗集《“活”出青岩》，诗人在背街的序诗写道：

写到背街，我要写青石板

石垣墙，石头文化。糅进四合院

给人历史穿越感

同时背街上有近代红色政权革命家

周恩来的家属避难居

还有杰出军事家李克农家属曾居地

这些，都是青岩古镇背后的故事

它们的存在

让历史不再拘泥于文字

有了激动人心的手感

诗人们写下的不仅是情，青岩古镇每一块石刻下历史沉重，时间不可能磨灭掉的。洪武六年（公元 1373 年），中央王朝设置贵州卫指挥使司，以控制川、滇、湘和桂驿道。青岩镇在广西入贵阳主驿道中段，于是设置传递公文的“铺”和传递军情的“塘”。洪武十四年（公元 1381 年），云南残余叛军尚未归顺，朱元璋采取“调北征南”战略，从天津、南京各地调三十余万大军，从贵州“开一线以通云南”。清剿云南叛军，路经贵阳，在青岩双狮峰下驻军建屯，史称青岩屯。大批军队驻下屯田，青岩屯具有“寓兵于农、军政合一”的政治局面。

崇祯十一年（1638 年）四月十一日，徐霞客取道龙里，赶到贵阳龙洞堡，天色黑透了。徐霞客住进客店，向店主吴慎所询问贵阳名胜古迹，店主要去黔灵公园苦佛洞还愿，邀徐霞客同行。拜了苦行佛，两人走狭窄曲折小路，去观赏麒麟洞。小路平常人少，山坡陡滑，徐霞客脚又有伤，无法前行，吴慎所搀扶他回店休息。

徐霞客在贵阳休息三天，足伤稍微好一些，就急着赶路。告辞新交朋友吴慎所，经太子桥、岜堰塘、华仡佬、独木岭，至青崖屯。

明崇祯十一年（1638年）四月十四日，旅行家徐霞客经过青岩，行程只有一天，但青岩的风土人情入心间。

徐霞客走过花溪以后，沿着大将山山脉西边坡奔南走，翻越一座土岗。他观察半天，发现土岗横在东西两座山峰中，山不奇有些平坦，经过细推辨，当地人叫独木岭。从岭上一路南下，沿着东面前行，南行两里许，最后到达望城坡。徐霞客站在高处，一眼望去，青岩城景物全收眼里。

徐霞客走下望城坡，向前一里多路，水声泠泠，小桥流水出现在眼前。“一里，则有溪自西北峡中出，至此东转，石梁跨之，是为青岩桥，水从桥下东抵东界山，乃东南注壑去，经定番而下泗城界。”这是青岩河，河上小桥即青岩桥。

青岩古镇城堡式建筑，地势险要，城墙依山而行。以东西南北为方位，设有四座城门。徐霞客欣赏沿路风景，前行半里多，来到了青岩北门。跨过老城门，进入石头般的青岩小镇。百姓安家乐业的生活情景，他在日记中写道“其城新建，旧纡而东，今折其东隅而西就尖峰之上，城中颇有瓦楼阛阓街市焉。是日晴霁竟日，夜月复皎”。不浪费笔墨，记录当时青岩鼎盛时期。

小镇民风朴素，建筑特点鲜明，吸引徐霞客找客栈入住。青岩如同名字一样，给旅行家留下美好印象，夜晚安静，鸟儿叫声从黑暗中传来。借昏暗油灯，徐霞客写下一段文字：“青崖屯（即青岩屯）属贵州前卫，而地则广顺州所辖。北去省五十里，南去定番州三十五里，东北去龙里六十里，西南去广顺州五十里。有溪自西北老龙脊发源，环城北东流南转。是贵省南鄙要害，今添设总兵驻扎其内。”第二天黎明即起，公鸡啼叫，打破清晨寂静。那时糕粑稀饭没有出现，徐霞客品当地小吃，背着行囊，踏响青石板路，从南门走出。

青岩古镇曾经商贾云集，至今保存明清时期的青瓦木屋，石板铺路，古街石巷。古镇四周筑有城墙，分内城和外城，均用石块垒砌，城墙筑有敌楼、垛口和炮台。气势宏伟的定广门城楼和石板古道，与古牌坊交相辉映。

穿过镇外田间古驿道，走上青石台阶，进入青岩南门，它叫定广门。当年古镇作为军事要塞，可不是地图上标注的线条和符号，重兵屯集驻守的雄姿，城墙为防御核心。站在城墙向里望去，距定广门不过百余米，便是赵理伦百岁坊。青岩古镇原有八座石牌坊，现在幸存下来三座，一座贞节牌坊，两座百岁坊。

我集邮三十多年，每年订一套邮册。回山东后，找出二〇一六年五月十九日邮政公司发行的《中国古镇（二）》特种邮票一套六枚，其中有青岩古镇赵理伦百岁石牌坊。

清道光二十三年，赵理伦一百零二岁，朝廷特恩准修建百岁坊。在老南门与定广门间，矗立在南街，面南坐北，过去称大刺窝。

石坊是一座四柱三间三楼，坊高九点五米，宽九米，楼脊饰有龙吻，顶置石雕“寿”字为篆书。楼檐下立梯形石礅，浮雕神话人物图案，中间嵌圣旨牌。立柱题刻楹联：“紫极飞纶，云成五色；青城献瑞，寿纪双星。九代中身，花开益寿；三朝逸老，木赐风声。琴鹤守家风，三万六千余日月；冈陵开国瑞，一堂五世拜经纶。试问寿如何，绛县名贤输廿八；欲知春几许，皇家盛典重期颐。天意若私于一家，百寿齐登，艳说难兄难弟；皇恩无靳乎重赐，双旌并建，还歌自北自南。”牌坊正方，镌刻道光皇帝钦赐“升平人瑞”四个大字，牌坊是青岩古镇的重要标志。

刘海粟来到古镇，欣赏石狮后高度评价，认为非常稀有，是难得的艺术精品，他说：“一般石狮多取蹲式，虽然威严但失之呆板，这里的石狮一反常态，形同‘猛虎下山’，特别富有生气，是高度艺术化的石雕佳作。”刘海粟感受独特，用“猛虎下山的威风”形象地评价石雕。穿过石牌坊，沿着青石板路漫步古街，街道两旁青砖灰瓦，木雕窗花和隔扇门，浸透着时代的痕迹。各家店铺挂满招牌，现代和古典招牌交错，古镇透出穿越时空的气息。从青岩古镇过去到达惠水，贵州著名的稻粟之地，也是贵阳的粮仓。从惠水运粮进贵阳，必经“南大门”青岩古镇。这是广西入贵阳门户的主驿道中段，历代有着“欲据滇楚，必占黔贵”的说法。守住贵州，可以控制云贵川粤西南地区，青岩处于交通要道，受到历代国家政权重视。青岩古镇在茶马古道上，其历史文化底蕴，引发游人兴趣。

古镇正街往来游客多，人们享受生活的快乐。我对许多家门前的方水壶好奇，高淳海说这是做糕粑稀饭的壶。于是我们各自要了一碗，坐在门前方桌旁，品尝糕粑稀饭。蒸制糕粑稀饭的方水壶，坐在炉火上烧开水，壶嘴缭绕着热气。小木甑放在水壶盖口，里面是一个圆孔，年糕样的东西填进木甑，经过方水壶内热气熏蒸。舀一勺藕粉放入碗里，浇红糖水调解，冲入滚水。蒸好的糕粑倒入。再加入芝麻、核桃仁、花生仁、葵花子和玫瑰酱，搅拌呈稠糊状。做好的糕粑稀饭香甜诱人。

河合隼雄指出：“民间故事虽然普遍存在于全人类的文化史之中，却又分别具有每个文化的特点。”他所说的文化特点，是文化现象都不孤立，由多种文化元素复合在一起。糕粑稀饭来源于民间，成长于民间，更具有旺盛活力。

相传清光绪年间，陆姓小贩的妻子喜欢小吃。有一天，他突发奇想，糯米粉和碗耳糕磨成浆，汗甑蒸熟，放入玫瑰、芝麻和桃仁。这种不知名的吃法，既新鲜，又美味，人们称陆糕粑。后来大同街西口，宋姓小贩做成圆形，改良陆糕粑，不加额外作料，做成宋糕粑。后来，圆形糕粑配荸荠粉，成为人们爱吃的糕粑稀饭。

民国初年文化名人王蔬农，贵州著名学者、教育家和史学家。二十年代执教贵州大学，担任过贵州省文献征辑馆副馆长，参加过民国《贵州通志》续修。那个年代，他写出《陆糕粑传》实属不易。这不过是平常的食物，引得文化人物耗费心血去研究。

贵阳曾办有国学讲习所，王蔬农、任可澄当时的贵州社会名流在此讲过学。著名书法家、教育家严寅亮，贵州印江人，他小时入私塾，学识超出一般人。他喜好书法，临六朝唐宋诸家法帖，酷爱王羲之的字。拜在典史吴秋庄门下学习文章书法，十四岁时，就能提笔书匾联。同治十年，他在思南府考中秀才，入思南府学习。

光绪十五年，严寅亮赴贵阳乡试，中己丑恩科举人，授四处候补知县。第二年赴京会试未中，攻习学业于国子监，以达到精深境地。光绪十七年九月，颐和园竣工，诏谕各地书法家书写颐和园匾额。严寅亮在国子监学习期间，认识四朝元老翁同龢。翁同龢是同治和光绪皇帝的老师，还是著名书法家，并为杨乃武和小白菜冤案平反，名声留传天下。

翁同龢喜欢严寅亮对书法痴情，收他做徒弟。一九〇三年，在翁同龢推荐下，严寅亮书写“颐和园”深得慈禧赏识，并朱批录用。园内还有楼台亭阁匾额十八方，楹联二十三副，而且下达指示，令其书写。慈禧破例召见，赐以龙纹镶边的“宸赏”玉章一枚。

严寅亮修习王羲之，读历代大师作品获得精髓。在西南中川蜀，大江南北各地风景名胜处，大多能看到他的墨迹。在四川任职时，他将自己作品石印成册，定名为《剩广墨试》。黄果树瀑布观瀑亭，曾经有一副名联：“白水如棉，不用弓弹花自散；虹霞似锦，何须梭织天生成。”出自严寅亮笔墨，现如今已不存在，只有档案记载此事。

民国十九年，严寅亮在贵阳与杨覃生、王蔬农、桂百铸等，十二位知名人士组成“郄社”。每月相聚一次，他们交流学术，谈诗论画。“精工制成屏、联、堂、幅，轮流互献，共祝遐龄。”“郄社”民间组织，友人性相近，又各自特长，对活跃贵州学术影响相当大。

沿着糕粑稀饭的美食线索，在回味中走进历史，不断发现新东西。享受美食，寻找过去的脚踪。人生要走过许多地方，或生活，或旅游，寻历史，当地美食是记忆，也是旅途中的重要部分。

下午时分，我站在城墙上，触摸六百三十年前的古城楼，注视古寺庙及古牌坊，残存和坍塌的墙壁，望着溪水绕镇而过。游人和孩童沐浴阳光，尽情欢闹，笑声打破静谧。不知为什么，眼前出现蒸糕粑的方水壶。

一轮秋影转金波

白露过后，暑热逐渐消退，中秋节又来到了。清代潘荣陛《帝京岁时纪胜》，他对中秋拜月习俗记载："十五日祭月，香灯品供之外，则团圆月饼也。雕西瓜为莲瓣，摘萝葡叶作娑罗。香果苹婆，花红脆枣，中山御李，豫省岗榴，紫葡萄，绿毛豆，黄梨丹柿，白藕青莲。云仪纸马，则道院送疏，题曰月府素曜太阴皇君。"潘荣陛用文字写出风俗画，呈现旧时中秋景象。他在宫中做事，所以记录翔实，不是道听途说而来的。

小时候，快到中秋节，祖母注重这个节日，满族传统岁时节日。每年农历八月十五日拜月，每家在供桌上摆香灯、月饼、瓜果，潘荣陛记录中写到"香灯"。

我们家住朝鲜族房子，里外两铺大炕，一进门是地坑。铺活动木板，做饭时掀开，人要下去烧火做饭。房子进屋脱鞋，炕面铺着高粱炕席，一分为二，中间拉门，夜晚睡觉拉合。妹妹睡的悠车挂在门框上，晚间摘下来。家人在微弱的光线下，摆好圆桌吃饭，交谈一天的所见所闻，唠着柴米油盐，孩子不知不觉中长大了。夜晚电力供应不足，三天两头停电，窗台上瓶子插着蜡烛是移动的灯。白天家中清静，祖母在家带几个小孩子，中秋这一天，不管怎么忙，家人一起赏月。祖母正黄旗人，对传统节日看重，她说些过去的老事情，给每个人分一块月饼。家中的梨藏起来，祖母怕小孩子找出来吃，这天忌讳梨字。满族人在中秋节祭祖或祭月，不是所有的水果都能摆放，祖母藏梨，因为“梨”与“离”同音。满族先民生活在白山黑水中，有祭日月的习俗。东北满族人过中秋，不叫赏月，而称供月，受祭月遗风影响。

儒家经典《周礼》记载：“仲秋之月养衰老，行糜粥饮食。”每年农历八月十五，秋季中期，被称为中秋。八月十五的月亮，相比其他满月圆，叫作“月夕”“八月节”。明月是美好的象征，人们期盼家人团聚。远在他乡的游子，寄托对故乡和亲人的思念，呼之“团圆节”。

晋代已经有赏月活动，但未成风俗。宋代时八月十五，定为中秋节，这一天是三秋中旬，故名中秋。中秋晚上家人团聚，举行“拜月”“点塔灯”“舞火龙”民俗活动。

每年中秋节吃月饼时，想起祖母讲过去的事情，老话勾起对旧事的怀念。清晨去早市，看到一个老人，推着玻璃柜子卖老月饼，看了一会儿，还是买了几块。过去贫困年代，一块月饼吃得高兴，如果能有几粒葡萄就更好了。有一年中秋节，母亲下班回来，带回来一小袋葡萄。赏月时分到月饼、一小串葡萄，那个中秋节过得快乐。

有一年，我在长白山区做田野调查，中秋节赶不回山东过节。母亲打电话问，过节回来吗？我说回不去了。中秋节在山里度过，圆月挂在空中，母亲节前打来电话，让我有了思念。等我回到济南家中，母亲留着不同风味的月饼。

《东京梦华录》中记载：“中秋夜，贵家结饰台榭，民间争占酒楼玩月。”时代发生变化，古时的习俗，也已变化，但家人团聚，希望家人幸福、亲人平安的美好依旧。大诗人苏轼曰："但愿人长久，千里共婵娟。"苏轼的诗极富浪漫主义色彩，亲人不管相隔多么远，可以穿越时空，共享美好月光。

豌豆黄儿久著名

清代叫雪印轩主的人，充满神秘。现存的档案中，对此人无详细记载，甚至男女都无法证明。雪印轩主《燕都小食品杂咏》，记录老北京小吃，制作过程说得一清二楚。雪印轩主把小胡同里吃文化表现得生动透彻，每一个字深藏着故事。

二〇一九年十二月二十二日，朋友从北京快递驴打滚和豌豆黄儿。想到雪印轩主，在《燕都小食品杂咏》有诗云：

从来食物属燕京，豌豆黄儿久著名。

红枣都嵌金屑里，十文一块买黄琼。

今天冬至，收到北京小吃，读着美食诗，心情不同于平常日。冬至，俗称添岁。杭州人，从明末清初直到今天，冬至吃年糕年年长高图个吉利。四川吃羊肉汤，可谓冬日大补。湖南湖北一带，吃赤豆糯米饭。冬至吃汤圆是传统习俗，在江南更是普遍，民间有“吃了汤圆大一岁”的说法。北方吃水饺，谚语说:“十月一，冬至到，家家户户吃水饺。”从古至今，生活中离不开吃。除了满足生理需求外，更多的是找寻失去的时光。

豌豆黄儿出于清宫，用料讲究，为上等白豌豆，色泽浅黄入口即化。北海静心斋，表现我国北方庭院园林的精华，是一座建筑别致的“园中之园”。它是皇太子书斋，以叠石为主题，亭榭楼阁，流水穿越小桥，叠石参差不齐，岩洞幽静雅致。在这样的环境中安静。

有一天，慈禧在此歇凉，听大街上传来吆喝声。“她疑惑发闷，问身边人这是干什么的。当值太监回奏禀告，这是卖豌豆黄儿、芸豆卷的。慈禧一听卖小吃，便高兴传令，把小贩叫进园来。小贩见了老佛爷赶紧跪下，捧着芸豆卷、豌豆黄，敬请老佛爷赏光。”慈禧尝过小吃，十分赞赏，传令把小贩留在宫中，专门做豌豆黄和芸豆卷，慈禧好食小吃得以传名。

豌豆黄儿在春季庙会上，小贩们一声吆喝：“嗳，豌豆黄儿，大块的来！”声音打动多少人心，徐珂《清稗类钞》中云：“京都点心之著名者，以面裹榆夹，蒸之为糕，和糖而食之。以豌豆研泥，间以枣肉，曰豌豆黄。”小贩推着罩湿蓝布的独轮车，在庙会和胡同中叫卖。

邓云乡文字平淡，却又能旁征博引，每种食物和老北京的文化相连。他在《云乡话食》中写道：“徐珂对做法说得太简单，实际是像做澄沙一样，把豌豆煮得稀烂，用细箩滤过其皮，豌豆汤澄淀成豌豆泥，加糖再煮，成糊状，加石膏作定型剂，放在容器中送到冰箱内冰镇，凝固后便成。”

一些推车小贩在街头卖的豌豆黄的，和枣煮在一起，放糖不甚多，不怎么甜。北海公园仿膳饭庄的豌豆黄儿，白糖煮加点桂花，它不放红枣。名店大厨手艺高超，做得细腻，宫廷工艺。

当秋万穗红

满族习俗中谈到高粱米捞饭，又称净水饭、凉水饭或水饭，把高粱米做成干饭，放在清水里泡，吃饭时用笊篱捞出。它是满族人喜爱的夏季美食，李克异写过它。

李克异早年离开家乡，盘腿坐的习惯始终未改变，抽辛辣卷烟，不论走到哪里，都和在家乡似的。不用开口说话，一看盘腿坐，就知道是东北人。

对于李克异作品的认识，是父亲的推荐。一九七八年，粉碎“四人帮”不久，父亲在人民文学出版社修改长篇作品，他和朋友到中国青年出版社读者服务部，购买新发行的《李自成》。他们到小灰楼招待所，拜访各个房间，去过李克异住的地方。筒子楼里房间简朴，无多余东西，一张床，一个桌子，一把暖瓶，吃饭拿着缸子到食堂排队。从那时起，我父亲经常说起李克异的名字，读了《历史的回声》，敬佩他的同时，也为是东北人自豪。

抽着辛辣卷烟，指间升腾烟雾，牵扯李克异走向远方，他在讲述一八九一年黑龙江边的庙儿街。这不仅是一部小说，他用生命点燃精神之火。在画卷一般大作品中，表现东北风土人情，和旧时多灾多难之中人们追求自由的精神。一九七九年九月，《收获》刊发《历史的回声》第一部，编者按中有一段评价："李克异同志是东北人，他在十五岁时开始写小说，小说有浓郁的乡土气息。由于他幼年生活在旧社会底层的人民中间，是在东北老百姓土炕头和酸菜缸间长大的；青少年时期又经历东北沦亡，生活坎坷，因此，他熟悉和善于描写旧时生活在社会底层的劳苦大众的思想、感情、心理和精神状态。"

每一次翻开《历史的回声》，一条松花江，一条黑龙江，一条图们江，声势雄壮，盘伏于大地上。我走近庙儿街，耳边似乎听到魏老爷子如洪钟的说话声，看到他飘拂的银须。冰冻的江面上，赵七板子赶着八条狗的爬犁，扯开嗓子唱，唱完一曲，接着又一曲。每个人物为了守护黑土地，洒尽一腔热血。写《历史的回声》的时候，李克异不年轻了，在他乡，乡愁不是睡一觉能忘却的，梦中的思念，比白日的撕扯更疼。醒来后，举目望去，一窗月光，让人愁上加愁。

李克异写过高粱米干饭，有滋有味。“小凤做的饭菜是秫米干饭，猪肉炖宽粉条子，一大碗大马哈鱼——碗里通红一层油，一碗酱茄子。魏得功大病初愈，胃口甚好，一边吃一边夸奖侄女，没想到，快吃饱的时候，小凤又端一大箩玻璃叶饼来。”文字中的美食，散发着诱人香气，表现出黑土地人的热情和朴实。

李克异走得匆忙，来不及和妻子告别，留下一部《历史的回声》。其余三部计划，被带到天堂续写完成。

李克异身故于文字面前，他写到“这难道是命”，问号来不及点，就停止了呼吸。李克异倒在桌上，触摸体温的笔丢在稿纸上，老猫在温情中沉睡，不知人世间发生的悲欢离合。李克异直到临终，也未能看到《历史的回声》样书，没有闻到文字中的墨香气、亲手抚摸到用生命写出的书。

二十世纪七十年代，每个月粮食定量供应，主要是苞米面，高粱米都很少。大多数家庭想办法买高粱米，做水捞饭。

夏季炎热时节，高粱米饭放入凉水里，谓之水饭。焖高粱米饭，饭里放豇豆也好吃，这种饭叫豆干饭。有一次三叔捎信，让我去拿高粱米。他家在北大护校院里，离我家十多里路。吃过中午饭，一个人去三叔家，他帮着把一袋二十斤的高粱米扛在肩上。开始时劲头十足，走出一里多路，夏天闷热，浑身汗水流下来。扛米袋走一会儿，歇上一段，拣有树荫的地方。十多里路，断断续续走了两个多小时，到家时已经黄昏时分，母亲在胡同口等待，说晚上做水捞饭。

高粱米水饭在我国东北流行，成为消夏小吃。高粱米饭做好后，放入凉水里过一下，拿柳条笊篱打捞过水米饭。高粱米和大米做二米子饭好吃，不过比例不能失调，多放大米，少加高粱米。吃高粱米饭，最好配土豆拌茄子，在来一碗鸡蛋酱、几根小葱。

高粱是传统五谷之一，属一年生草本，古老谷类作物。高粱米去皮后，又称红粮、蜀黍，古称蜀秫。

我国主要产区在东北地区、内蒙古东部以及西南地区丘陵山地。高粱有红、白两种，红者称为酒高粱，用于酿酒，白者食用。

高粱是杂粮，在食疗文化中占有重要地位。中医认为高粱有和胃、健脾、消积多种功效。高粱中含有单宁，起收敛固脱作用，患有慢性腹泻的病人，常食高粱米粥会有一定改善作用。高粱不仅可食用，还可以制糖和制酒。高粱茎秆可榨汁熬糖，人们叫它甜秫秸。

乾隆五十四年，诗人张玉纶出生在辽阳县沙岭镇绣江堡。据《辽阳县志》记载："生性颖悟，有才气，尤是以文学知名焉。"乡土诗人张玉纶，生活在古城西郊平原，他热爱庄稼和泥土的气息。他在《高粱》一诗中写道：

高颗大穗有光华，万垄参差斗晚霞。

贡向东都充玉食，岂惟有米号桃花。

张玉纶将家乡情感融入诗中，表现其家园情愫。他的诗纯净透明，意境高远，有大地的气息。

小学母校东山小学，一幢红砖白瓦拱顶的旧教学楼，年代久了，经历太多风雨。每次上音乐课，推来一架风琴，女老师双脚踏板，操纵鼓动的风箱，摁动键盘，弹出一曲《松花江上》。

张寒晖，一九二五年入北平“国立”艺专戏剧系，同年加入中国共产党。一九三〇年在北平加入中国左翼作家联盟。一九三四年回老家组织抗日救国会，从事小说和戏剧写作，为宣传抗日奔走呼号。“我的家在东北松花江上，那里有森林煤矿，还有那满山遍野的大豆高粱。”二十世纪三四十年代，他创作的《松花江上》，被誉为流亡三部曲之一。在中华大地上传播的抗战歌曲，激励着一代代人。

生活在黑土地上离不开酒，高粱酿造出的酒，喝后忘不了。滨州有一家敦化人开的店，专门卖东北土特产，一进门，就能看到几口大酒缸，装着东北运来的高粱小烧。高粱小烧采用原始酿造方法，没有杂味。我经常去打一壶，时常在家中独饮，以解思念家乡之情。

妻子六月回老家，问我带什么东西。我说如果有高粱米，捎一些即可，许多年没有吃过高粱米捞水饭了。

玻璃夹饼

满族人称橡子树为波罗木，称果实为波罗。东北土话玻璃叶子，即橡树叶，橡树呼为玻璃树，又称栎树或柞树。玻璃夹饼的做法，面糊抹在玻璃叶上，放好馅，和在一起蒸熟。

端木蕻良，三十年代东北作家群中的代表人物，回味家乡小吃，谈到玻璃叶饼。文章写道："家乡有一种树，叶子很大，叶面光滑，反光性很好，乡亲们都叫这树的叶子为玻璃叶。用这种叶子包制的饼，叫玻璃叶饼。"端木蕻良说的玻璃叶，就是指柞树叶子，东北民间把柞树叫玻璃蕻子。陪母亲聊天，说起一些过去的事情，生活困难时期，人们吃代食品。上山采玻璃蕻子叶回来，在锅中烘干捣碎，掺进苞米面中吃。采用柞树枝上的叶子，叶大而圆，边齿小而整齐。现今，每年农历四五月间，上山采集嫩柞树叶，回家洗净待用。泡好黏米加水磨成细面，红小豆煮烂，然后捣成泥馅，包成大饺子形状。柞树叶抹好豆油，裹上黏米的“饺子”上屉蒸。经过热气蒸，树叶的味道浸入面里。东北又称玻璃叶饽饽。

满族饮食中的玻璃夹饼，其做法类似玻璃叶饽饽，但食料和做法略有不同。它是高粱米或玉米用水浸泡磨成水面，水面涂抹在玻璃叶上，半铺豆馅或菜馅，将另一半折过来把馅夹中间，周围用席篾儿别牢，摆在屉上入锅蒸熟，拔掉席篾儿，剥去玻璃叶。

满族先民长年在野外捕猎和征战，随身带黏饽饽，既省事，又能扛住饥饿，进而养成吃饽饽的习俗。祭祀祖先和敬神，多用各种饽饽。满族的饽饽种类繁多。饽饽主要有两种，白面和黏米面，制作多为烘、烤、蒸和烙。

二〇二〇年八月十七日，去上海参加书展。十八日下午两点，我的新书《南甜北咸：人间至味是清欢》分享会。十九日，从延安饭店出发，去鲁迅故居。按照俞强发来的定位，车子停在四川北路，山阴路口。

中午在上海人家，和几位老知青见面。王为凡讲起我祖父当年去大成山上搂松树枝子的情景。我祖母是旗人，她喜欢做玻璃夹饼，每次都是祖父采回玻璃叶子。

端木蕻良记下母亲把热玻璃夹饼，放在小碟中，怕他吃时烫着，说出“我这‘老’儿子”。无论离开家多么久、多么远，这个“老”字，就是家的温暖。我离开家乡三十多年，玻璃叶子已经难以见到了。

御艾窝窝

刘若愚《酌中志》写道:“以糯米夹芝麻为凉糕，丸而馅之为‘窝窝’，即古之‘不落夹’是也。”艾窝窝为北京清真风味小吃。白色雪球状，黏软味甜香，明代为帝后所喜食，故名御艾窝窝，传入民间变为艾窝窝。

二〇一八年十一月，我去北京住在西单横二条二号古德豪斯酒店，楼下有家护国寺小吃店。门头牌匾，黑底阴文金字，老舍先生儿子舒乙题字。店面积不大，十几条方桌，右墙一幅老护国寺风俗画。每天早晨从酒店出来，去护国寺小吃店，品北京特色小吃，两个豌豆黄、三个艾窝窝，再来一碗豆汁儿，既经济，又实惠。每次去北京都要享受这几样东西，否则没有来过一样。

二〇一〇年七月，我去乌鲁木齐参加出版社举办的笔会。从济南坐绿皮直达特快，经过三十七个多小时，旅行到达终点。坐上会议接待车，就收到母亲发来的短信。七月三日，母亲短信中说："多向人学习，少讲话。"七月五日，"维生你在新疆还没回来呀？"七月七日，"做什么事先考虑一下，免得让人麻烦。上下车注意安全。"这几条短信，是我存下母亲唯一的信息。

乌鲁木齐笔会结束，急着往家赶。我在会议间隙游玩期间，给母亲买了小羊皮拖鞋，葡萄干、巴旦木、酸杏干。烤馕在新疆历史悠久，维吾尔族人把烤馕看做吉祥物和幸福的象征。门前小吃街有卖烤馕，买了几个带回来。我每次出门，都要给母亲带小礼物，让她高兴。

上午陪母亲喝茶，她从抽屉中拿出食品盒，递给我说吃个艾窝窝，这可是过去慈禧喜欢吃的。我问济南有卖艾窝窝的，母亲说，前几天北京朋友带来的礼物。

二十世纪八十年代，母亲写过一篇民间传说《孤儿岭》，发表在一九八六年三期《新聊斋》，这是母亲仅有的公开文字。没什么曲折情节，讲述一个老故事。二〇〇九年六月，我为修改一部书稿，回老家延吉，抽空去了一次五凤村。来到母亲笔下的孤儿岭，伫望风雨中的山蜂。传说化作一株树、一簇野草、一只鸟儿，在山野间游荡。

母亲喜爱民间故事，喜品地方小吃，她总想办法找书等资料。我吃一口艾窝窝，味甜香，母亲讲起读过的民间传说。“有一名在皇宫紫禁城里曾做过内侍的人说，明时皇宫里的储秀宫居住着的皇后和妃子，她们天天吃山珍海味，感到有些腻了。有一天，在储秀宫做饭的回族厨师，从家里带了清真食品艾窝窝，正在厨房里吃的时候，被一位宫女看见了。她一尝很好吃，就给皇后带了点，皇后一尝，亦觉得是美味，就当即让这位厨师为皇后和妃子们做艾窝窝吃。特别是皇后很喜欢吃，不仅在日常生活中经常食用，而且还格外大加赞赏，说厨师做的艾窝窝不仅色雪白好看，而且吃起来香甜。”艾窝窝从皇宫流传至民间，即变成京城清真风味小吃，得到百姓喜爱，称之为御艾窝窝。李建平从事北京历史文化研究，他编撰的《北京传统文化便览》记载：“北京一种清真风味小吃。色雪白，球状，质黏软，味甜香，因明代为帝后所喜食，故名‘御艾窝窝’，后传入民间，脱衍为‘艾窝窝’了。”母亲读北京旧闻丛书，讲述老事情，如由宫廷传到民间的点心豌豆黄儿、芸豆卷、驴打滚、艾窝窝。

有一段时间，我住在丰台区马家堡，有一家“老磁器口豆汁店”，早晨去吃早点。我每次点豌豆黄儿、艾窝窝，再来一碗豆汁儿。

宫廷四冷点豌豆黄儿、芸豆卷、驴打滚、艾窝窝，由宫廷传到民间，得到百姓喜爱。对老北京小吃有了更深的理解。

清乾隆六十年（1795 年），李光庭《乡言解颐》中自称为“追忆故乡歌谣谚诵”的作品。他在书中写道：“窝窝以糯米粉为之，状如元宵粉荔，中有糖馅，蒸熟外掺薄粉，上作一凹，故名窝窝。”李光庭对小吃感情深，观察细致。

乾隆年间，竹枝词风行起来，董竹枝《扬州竹枝词》和杨米人《都门竹枝词》，影响最大。杨米人，别号净香居主人，乾隆、嘉庆年间曾在北京居住过，对过去的小吃颇有研究，每天离不开。他在《都门竹枝词》中写道：“清晨一碗甜浆粥，才吃茶汤又面茶；凉果炸糕甜耳朵，吊炉烧饼艾窝窝，叉子火烧刚卖得，又听硬面叫饽饽；烧麦馄饨列满盘，新添挂粉好汤圆。”北京小吃俗称“碰头食”或“菜茶”，融合多民族风味小吃，明清宫廷小吃风味独特。一些老字号专营特色品种，小窝窝头、肉末烧饼、豌豆黄儿、芸豆卷，在北京的小吃店大都能买到。

围绕艾窝窝，老北京歇后语蛮有意思，“艾窝窝点点儿——漂亮。”最初艾窝窝，上面没有红点儿，清末庙会为引人注目点了红点儿。有了红点儿，人们感到确实漂亮。另一个歇后语更有意思，“艾窝窝专打金钱眼——蔫有准儿。”蔫是指别看他性子慢，却很有主见。北京白云观窝风桥下挂着大铜钱，方孔上挂着铃铛，春节庙会上，人们拿硬币打金钱眼，讨取吉利。研究旧北京小吃，大多数学者参考《燕都小食品杂咏》。作者雪印轩主，历史中没有他的真名。雪印轩主的《燕都小食品杂咏》，有一首诗云：

白粉江米入蒸锅，什锦馅儿粉面搓。

浑似汤圆不待煮，清真唤作艾窝窝。

近两年去北京的机会多，每次去品尝艾窝窝，走时买几盒稻香村的艾窝窝、驴打滚、豌豆黄儿。

两地小吃

下午高淳海开车，我们从重庆出发，在回贵阳中途经遵义，进入市区接近晚间七点。天在下小雨，路面湿滑，导航仪引导下，行驶到红花岗区北京路一百六十号，入住遵义深航国际酒店。宾馆环境优雅舒适，格调时尚。进入房间，脱下淋雨衣服，女服务员敲门，送进一盘老谢氏鸡蛋糕，她说清镇黄粑要去街头吃。撕开小袋包装，咬一口老谢氏鸡蛋糕，味道不错，口感绵糯。

第二天参观遵义会议遗址，一九三五年一月，党中央在遵义召开政治局扩大会议（即遵义会议）。

上初中时，学校组织在东方红电影院看《长征组歌》。黑暗中放映机转动，胶片上奔跑的人儿，不紧不慢，以每秒二十四格画面速度向前。窗口射出光束，划破大厅的黑暗，光柱气势如虹，打破尘土，最终奔到银幕上，变成一幅幅画面，演绎那一段红色记忆。

苗岭秀，旭日升。百鸟啼，报新春。

遵义会议放光辉，全党全军齐欢庆。

万众欢呼毛主席，马列路线指航程。

雄师刀坝告大捷，工农踊跃当红军。

英明领袖来掌舵，革命磅礴向前进。

《遵义会议放光辉》的歌词，就是那时记住的，至今深刻不忘。红色历史成为一生情结。

走出遵义会议遗址，沿着不宽的街道向前走。遗址边是基督教堂，仅挨着是曾记老店，专卖贵州特产，老谢氏鸡蛋糕、清镇黄粑。

黄粑以遵义、清镇和黔西为代表，又叫黄糕粑。以优质糯米、红糖，用竹叶包裹。黄粑清香柔软，切片以后，能蒸煮、油炸、煎炒。段义孚研究空间和地方，他认为："生活在不同地域的人们，只有对自己的人地观念反思，了解他者的人地观念，才能改变人地观念。"看到他的照片，清瘦的脸上，戴着黑边眼镜，眼睛中流露慈祥的目光。地理学家提出的人文观，让我们在享受美食时，也要思考其背后的历史。

我来贵阳一个多月，明天将要回到山东家中。躺在床上失眠，拉杆箱里装着随身带的物品，白天在超市买的特产，明天搭乘山航，回到离开一个多月的家。睡觉前看书，多年养成的习惯。书中讲述三国时期，那时贵州称作夜郎，诸葛亮率兵平定孟获，在夜郎国与黔中洞主作战。"一日，蜀军正埋锅造饭，突然探子来报，说有敌军临阵。诸葛亮下令出战，打了不久，便打退黔中洞主的人马。也不知诸葛军师是何用意，不顾穷寇莫追的忌讳，也不顾众军士的饭还没吃，下令大军乘势穷追敌军上百余里。这一追倒也没什么，却急坏军中的火头军，久等部队不归，煮着的豆汁和米饭不能浪费，本来就没带多少粮草。诸葛军师观其情形，命士兵把豆汁与米饭掺和到一起，放到大木甑内加火蒸煮，以保其不馊坏。等大捷而归的士兵回营，已

蒸煮近两日，又累又饿的士兵们急忙分食，谁料米饭已成另一番模样，不但色泽黄润，而且味道甘甜香软，吃起来更有一番滋味。士兵们还以为是军师用来犒劳他们的美味，三下两下便让几甑佳馔见底。”

我在重庆生活几年，品尝过泸州黄粑，它们各有做法，材料均为糯米和大米。泸州黄粑是重庆、四川各地老百姓喜欢的小吃，民间流传几百年至今。泸州黄粑色泽金黄，香气浓郁糍和。良姜叶包料，黄粑吸收良姜叶的芳香油。

黄粑创于遵义市南白镇和银盏镇。古时沿途看不见人烟，长途必须带足食物，否则路上断食，后果严重。黄粑便于携带，满足人们的需求，被推广开来。

民间有“川黔走廊”“茶盐古道”的说法，尧坝镇接受更多他者文化，汇集川、黔两省古老民风民俗，形成川黔古镇文化。北宋皇祐年间尧坝镇，就是川黔要道上驿站，它是古江阳到夜郎国必经之道。泸州与赤水间未通公路之前，川南黔北商贾往来，官方传书经过尧坝镇在此停歇。于是官方建尧坝驿站，各种商贩来经商，市场经济繁荣，黄粑被商人带入，成为商贾和乡民的食物。

二〇二〇年六月十一日，我去买当地特产，第二天上午十点二十五分，将乘山航飞回山东。走进超市在食品区货架上，看到清镇刘姨妈黄粑，不同包装的清镇黄粑，随着我来到黄土地。

打开冰箱，冷藏室装物架上，有两袋贵阳带回的黄粑。清镇黄粑采用糯米、黄豆、香米和白糖，传统工艺制作呈黄色，故名黄粑。日久变硬用火烘烤，油炸或蒸，恢复绵软香甜，即可食用。

龙虎斗

满族祖先生活在东北白山黑水，以渔猎、采集和游牧为生。山野养育他们的性情，促成饮食风格。

祖母在世时，家中经常做龙虎斗，普通饭菜体现满族人的性格。祖母好讲老故事，我们兄妹跟随她的话语，进入满族民间故事中。

在布勒湖里沐浴的恩古伦、正古伦、佛古伦，他们中最小的获得神鹊送的神果。含在嘴里受孕，生出布库里雍顺，祖母说这是满族先祖。对她讲的“神鹊衔果”印象最深，让人激动。我觉得身体里，似乎流淌着红果衍化的基因。

祖母会做很多满族风味食品，龙虎斗是家常便饭。小豆煮半成熟，大米和高粱米下锅，水开后拿笊篱捞出，回锅上屉蒸熟。龙虎斗干饭红白相间，色味丰富，大米在这里是龙的象征，高粱米寓虎，小豆谐音为斗。法国哲学家加斯东·巴什拉指出：“当火苗的形象为述说植物世界的真理而呈现在诗人面前的时候，形象必须在一个句子中树立起。解释形象，发展形象，这就是减缓、阻止把火的热量和绿色的持久威力结合起来的想象冲动。”粮食在火的作用下，创立出形象，斗字有了自己的意义。斗字在我国古代及现代都是常用字，甲骨文形态好似真如两个人徒手相搏。三种粮食纠缠在一起，创造满族美食龙虎斗。

祖母去世后，龙虎斗改为母亲做，她跟祖母学做的。如今母亲已不在世了，吃满族传统饭食的次数减少。我家备有三种粮食，想念母亲在时做的龙虎斗，感觉她就在身边。

东北卷煎

卷煎是猪肉馅、干豆腐做的美食，看上去简单易学。豆腐皮铺于案板上，摊肉馅卷起来，入屉蒸三十分钟。

清代朱彝尊为浙西词派创始人，和王士祯称南北两大诗宗。朱彝尊精于金石，藏有丰富的古籍图书，为清初藏书家。他是明代大学士朱国祚曾孙，继承书香世家血脉。朱彝尊撰写养生著作《食宪鸿秘》，书中记载："卷煎，将蛋推皮，以碎肉加料卷好，仍用蛋糊口。猪油、白糖、甜酱和烧。切片用。"朱彝尊说的做法，馅料卷起再蒸，后经改进，发展为今天的卷而蒸制。

一八六一年，清政府"许开豆禁"，准许外国轮船运销东北大豆，使东北大豆以及大豆榨油产业兴旺。大豆、豆油以及榨油后的豆饼，合称为"大豆三品"。一九三一年九月十八日，日军炸毁沈阳柳条湖附近日本修筑的南满铁路路轨，并嫁祸于中国军队，以此为借口，炮轰东北军北大营，发生震惊中外的九一八事变。一九三二年二月，东北全部沦陷，日本在东北建立伪满洲国傀儡政权，侵占东北长达十四年。

大豆是东北特有的经济作物。甲午中日战争后，日本大量购入东北大豆。王铁军教授说："日俄战争后，日本侵略者掌握东北地区的运输命脉。他们利用满铁的垄断，很容易就控制了东北地区大豆的出口贸易。"抗战时期日本军队在东北不断扩张，对东北大豆控制，通过技术改造，使其成为重要的战略物资。

我国大豆栽培已有五千多年历史，全国各地普遍种植。以东北大豆质量最优，营养价值高，被称为"豆中之王""田中之肉"。卷煎主料干豆腐，起着决定性作用。没有好大豆，工艺多么先进，也很难做出好干豆腐。

过完小年后，母亲炸很多的豆腐泡和丸子。整块豆腐放入掌中，菜刀从中间偏一下，接着在上面横切三刀，竖切三刀，切成骰子块。大锅中油熬开，母亲炸过年的豆腐泡。豆腐在油

中炸成金黄色，拿笊篱捞出，控干油后，装入竹篮里。豆腐泡菜肴佳品，白菜炒豆腐泡，粉条炖豆腐泡，砂锅炖豆腐泡。

母亲做的卷煎，也是美味，干豆腐铺在案板上，肉馅摊匀其上卷起，放屉上蒸熟。每次在锅上一馏，切成片状，上盘可食用。

美食做好后装入竹篮中，拿到仓房吊挂起来，免得遭鼠偷吃。每天进仓房拿东西，忍不住向竹篮瞧几眼，偶尔掀开盖子，偷吃一两个豆腐泡。豆腐泡冻得硬邦邦的，含在嘴里冰冷刺激，顺着食道蹿入身体。

我家来山东三十多年，逢年过节，母亲很少做卷煎。她年龄大做事情兴趣减少，再就是觉得主料干豆腐，怎么也不如东北老家的好。我偶尔做一次，为了享受过程，对过去回忆。

轱辘面饽饽

煮熟的马齿菜、水芹菜、老牛筋浸泡，直至苦味消失。放上作料，团成含有水分的菜球，在玉米、高粱面粉中反复轱辘。菜球粘满面粉摆屉蒸熟，这就是满族食物轱辘面饽饽，有的地方叫菜团子。

二十世纪七十年代，由于生活贫困，吃过太多的轱辘面饽饽。东北冬天长，除了土豆、大白菜、萝卜，用于腌酸菜或咸菜外，母亲仍调法子做别的，引起我们兄妹的食欲。

黄昏大雪终于停了，窗外一片安静，母亲剁菜声音不时传来。我在炕桌上写作业，心不在焉，总是走神溜号，想晚上吃什么。字写得潦草，横不平，竖不直，勾勾弯弯。我用橡皮擦掉重写，反而弄得一塌糊涂。母亲叫我去厨房干活，来到外屋一看，菜墩子上剁好的肥肉熇油，油梭子拌馅，滚轱辘面饽饽。我坐在小板凳上，不情愿地摇起风匣，母亲将肥肉倒入锅中。火焰旺盛起来，大锅烧热了，肥肉在锅中滋啦响。

肥肉在大铁锅中发生变化，熇出很多油，一块块肥肉熇成油梭子。母亲知道我最爱吃这口，在小食碟中倒入酱油，油梭子夹入盘中。热和冷相碰发出脆响，酱油浸入油梭子中，入口香酥，又不腻人。熇出的油梭子，剁碎拌入馅子里，蒸出的轱辘面饽饽味道好。

一年四季，不论什么季节，都能做轱辘面饽饽，父亲说这是满族家常主食。没有什么要求，大白菜能做馅，春天各种野菜也可以，热水焯后，入凉水中清洗，切碎拌入作料，有肉更好，拌鸡蛋也行。因为菜吃油，最好是使用猪油，油梭子拌馅香。包好的轱辘面饽饽，上帘子蒸熟即可。

热轱辘面饽饽上桌，酱油调制的蒜泥放入碗中，在舀一勺辣椒油，用筷子搅拌，蘸着吃。这顿饭吃得好，一上午不会感觉饿的。

我家经常做轱辘面饽饽，团起菜球，既是一种美食，也是对过去的纪念。

形如偃月，天下通食

二〇二〇年八月十七日，将去上海参加书展，十八日下午两点，举行我的新书《南甜北咸：人间至味是清欢》分享会。

早饭尚未吃，四号登机口附近，有卖牛肉面、重庆小面、老济南面食，还有一家老边饺子。我被老边饺子吸引，十几年前，在牡丹江火车站，初次吃老边饺子。每次去沈阳，都要去吃。

老边饺子的门头开放式，没有窗子和门，可以观望来往的人群。坐在桌前，点了一份水饺。清代李光庭所写的《乡言解颐》，有一首乡谣云："夏令去，秋季过，年节又要奉婆婆。快包煮饽饽。皮儿薄，馅儿多，婆婆吃了笑呵呵。媳妇费张罗。"李光庭的乡谣蛮有意思，充满人间烟火气息。文字构成民俗画面，生动鲜活，可以看出水饺在生活中的位置。我家星期天都要包水饺，这是家的文化模式。家人在一起包水饺，话题随意聊，促进家人的情感。

古时饺子别名有扁食、娇耳、粉角、角子，传说饺子起源于东汉时期，为医圣张仲景所创。当时饺子并不是主食，张仲景用面皮包上祛寒的药材治病，治疗病人耳朵上的冻疮。

民间有“好吃不过饺子”的俗语，每逢新春佳节，饺子是不可缺少的佳肴。饺子与馄饨有着密切的联系。北齐《颜氏家训》作者颜之推云：“今之馄饨，形如偃月，天下通食也。”偃月即半月形，说的正是饺子的形状。

孟元老《东京梦华录》，追忆北宋汴京繁盛，说起市场上有水晶角儿、煎角子，还有驼峰角子。宋代饺子传到了蒙古，蒙语中读音类似于“扁食”，随着蒙古帝国征伐，扁食传送至世界各地。春节吃饺子的习俗在明代已经出现，刘若愚的《酌中志》，记述明万历至崇祯初年的宫廷往事。他在宫内多年，身逢耳闻有关皇帝、后妃及内侍的日常生活，以及饮食和服饰，并记载下来。明代宫廷正月初一五更起，“饮柏椒酒，吃水点心。

或暗包银钱一二于内，得之者以卜一岁之吉。”刘若愚所记的点心，就是饺子。

咸丰五年（1855 年）七月，富察敦崇出生在燕京铁狮子胡同一个大族世家。他在朝为官三十三年，素以“守清、政勤、才长、老成干练，办事勤明克称”。富察敦崇对于北京民俗掌故颇为熟悉，他喜欢笔墨文字，著述颇丰，其在《燕京岁时记》中曰：“京师谓元旦为大年初一。每届初一，于子初后焚香接神，燃爆竹以致敬，连霄达巷，络绎不休。接神之后，自王公以及百官，均应入朝朝贺。朝贺已毕，走谒亲友，谓之道新喜。亲者登堂，疏者投刺而已。貂裘蟒服，道路纷驰，真有车如流水马如游龙之盛，诚太平之景象也。是日，无论贫富贵贱，皆以白面作角而食之，谓之煮饽饽，举国皆然，无不同也。富贵之家，暗以金银小锞及宝石等藏之饽饽中，以卜顺利。家人食得者，则终岁大吉。”富察敦崇详细记录了当时京城过节时的景象。

东北进入腊月，条件好的人家杀年猪，剁几大盆酸菜，作为馅料。平常家人准备过春节，围在热火炕上包饺子，摆在高粱秆的帘子上，送到屋外冻。冻实后装入袋子中，也可放进大缸中，封盖严放到仓房里，防止老鼠偷吃。备足年嚼裹儿，迎接三十儿晚上的到来。

我去沈阳时，朋友送一本《寻味辽宁》，书中写有老边饺子。中午请我到总店，吃老边饺子。

二〇〇〇年吉尼斯纪录认定，一八二九年创始于沈阳的老边饺子馆，为世界历史最长的饺子馆。一九八一年，相声大师侯宝林来沈阳演出，吃过老边饺子后，题写过“老边饺子，天下第一”。侯大师走南闯北，吃过各地美食，品过老边饺子后，赞美说“天下第一”。从各种饺子来说，老边饺子数上品。

朋友送的《寻味辽宁》，书中记述，清朝道光年间，河北任丘县一带多年灾荒，官府不顾百姓生死，加紧收租收捐，老百姓只好离开家乡，流转离散在外。流民中有边家庄的边福，他家原来开饺子馆生活过得去，但此时也难维持，一家人逃往东北。逃难路上，一天晚上，投宿一户人家中。

这天借宿人家为老夫人过生日，好心的主人家送来寿饺，对于饥饿中的人，实在是难得的美食。边福吃饺子感觉味道可

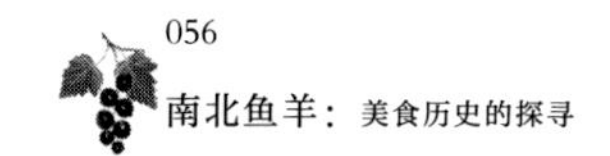

口，馅料肥而不腻，鲜嫩香软。边福经过商，头脑灵活，心想多一个手艺不吃亏，说不定什么时候用上，于是真诚地求教，主人家看边福人厚道，自己也不靠卖饺子过活，便没有犹豫地告诉了饺子馅料秘方。

边福记在心中，经过很多地方，最后来到沈阳。在小东门外小津桥护城河岸边，搭马架子做蒸饺子生意，立号老边饺子。饺子皮薄馅大，现做现卖，很快有了名气。老边饺子制作技艺不断完善，研制出汤煸馅工艺，且造型别致，调馅有独到之处。老边饺子煸馅是秘诀，传男不传女。每天关店后，伙计走光才能调馅。

在遥墙机场吃老边饺子，引起诸多回忆。从上海书展回来，找出黄皮封面的《寻味辽宁》，在文字中走进历史，寻找老边饺子的踪迹史。段义孚指出："烹饪将我们所有人联系在一起，也使我们有所不同，每个人类共同体都有自己的食物及独特的制作方式。"老边饺子不过是平常的面食，味道不错，有着沉甸甸的历史。

小肉饭

满族俗话说:“头一口猪使唤完，下锅做上小肉饭，不论亲朋行路客，大家一起来进餐，不用道谢，吃了算完。”俗语来自民间口头，具有趣味性和地方特色。

小肉饭，风味小吃，明代以后在满族民间流行。满族饮食习俗，和地域有很大关系。长期生活在东北地区的白山黑水间，“多畜猪，食其肉”，捕鱼、狩猎和采集，也是主要的生产方式。做法简单实用，直来直去，合乎满族人的性格。

我高中毕业到一家知青厂打工，离开学校走向社会，对于我是很大的变化。工厂在布尔哈通河西岸。滚筒印刷机发出单调的声音，在车间内回响，说话需要大声喊，免得对方听不清。家离工厂路程远，没有自行车，每天步行上下班，用饭盒带午饭。

我们当时两班倒，头班清晨六点接班，下午班三点接班。每天要带饭，大家采取轮流做饭的方式，这样节约工作时间。收发室铁板焊制的长条炉子，为了冬天取暖，也为方便职工做饭。有时带配好的食材，在单位做小肉饭。

祖母小肉饭做得好，她从小生活在大家庭中，对于满族的各种礼节、饮食习惯讲究，不轻易破坏。祖母手巧，包水饺能变出花样，包几个麦穗和盒子状的。难吃的苞米面，在她手里做出各种饽饽。苞米面发酵后铺在锅中屉上，摊成一寸厚，在上面撒红小豆。蒸出的发糕松软，入口有酸甜味。祖母是旗人，喜欢黏食，椴叶饽饽，黏耗子，黏豆包。我家保持老习惯，一进入腊月磨水面子，包黏豆包。外面大雪纷飞，炕上热得烫屁股，孩子们不愿在风雪中疯玩，在家中又闷得慌，缠着祖母讲故事。

趣话儿　趣话儿

讲起来没把儿

一根羊毛

擀双毡袜儿

爷爷穿八冬

爹穿八夏

剩下重孙子

拣起连一连

又穿八夏

祖母唱的歌谣，我们也学会了。祖母熬的冻子口感好，片出冻子波浪纹，燕尾的形状，夹起来不滑。冻子燕尾向外，层层摞起来，放上香菜、姜末和蒜酱。

小肉饭艺传到母亲手中，那时家中贫困，每一次做都是改善生活。母亲盛饭给我多拣小肉丁，上面盖一层米饭。她去世三年多了，至今不敢看她的照片，想的时候，做一顿小肉饭。

植物肉

黄豆是“豆中之王”，素有美誉“植物肉”“绿色的乳牛”，营养价值丰富。黄豆一粒粒，圆鼓鼓的招人喜爱。

而东北黄豆远近闻名，不仅可做豆腐，挤豆油，还可以做系列菜肴。以前我们那里到了冬天难熬，基本上老三样，萝卜、白菜、土豆，一天三顿饭，再高超的厨子，也翻不出新花样。人们便做一些小菜调配胃口。黄豆便可衍生出系列小菜，盐酥豆，酱油豆，豆芽，这些小菜拌饭吃，又可下酒，还做起来简单。看过一次，一辈子难忘。

黄豆中的沙子挑出，清水洗净，入锅干炒，后装入碗中，趁热倒酱油。酱油遭遇热豆，冷与热融合，咸味杀进豆内，一粒粒黄豆发生质的变化。

十二月的北碚，屋里和外面温度差不了多少。阴冷无孔不入，偷取一点暖意。我半倚床头，打开电热毯，身上盖着棉被，借助床头柜上的台灯，读汪曾祺的书。他真会讲故事，一个平常的黄豆，讲得逗出馋虫。小时候，我奉命炒黄豆，好做酱油豆，由于极不情愿，差点把黄豆炒出火。为此挨一顿批评，险些挨笤帚疙瘩。

我家炕头的青瓦盆，占据了一个好位置，堆着长出芽的黄豆，生出的豆芽，可清炒，可凉拌。东北人豪气，外面大雪纷舞，天空见不到飞鸟，房檐挂着倒垂的冰溜子。屋里与外界两重天，炕烧得烫屁股，放上炕桌，端上一盘凉拌豆芽。焯好的豆芽堆成小山状，淋上香油，浇上陈醋，倒上酱油，再舀几勺辣椒油，几种颜色相配，别具风味。吃时用筷子推倒，然后调拌。这一下子孩子们不能动，必须大人上手。如果吊豆芽汤，那和凉拌对比鲜明，蒜辣，椒香，火热，它们个性突出，在身体中发生裂变。东北还有好吃的名菜，黄豆炖猪皮，黄豆泡胀稍大，猪皮刮去多余的肥肉，冲洗干净，切条放入沸水焯，加入作料炖。

汪曾祺说，在我国古代豆叶可以当菜吃，他猜测是做羹。

我和豆叶打过交道，秋天和邻居们上山搂豆叶，贮备起来，冬天引火用。每到星期天早起，拉着推车，走了一个多小时，我们才到达目的地，他们哥俩熟悉这里。站在山坡地上，看到收割后大地空荡荡的，天空显得高远，云在蓝天中舒卷，枯干的植物的枝叶，在秋风中抖动。黄豆的叶子散落垄沟，踩上去软乎乎的，分头将车子停在地头上，扛着耙子从地边开始，慢坡的山地，垄沟长得见不到边，远处早有人干开，说话声穿过秋风传过来。顺着垄沟搂豆叶，几下子拢起一小堆，我和老从家的哥俩，一个往西搂着走，我往东搂，两伙人越离越远。我听到小青喊他哥过去。我丢下耙子不知出了什么事，在不平的地上跑，有几次险些跌倒。气喘吁吁地来到他们跟前，小青点起一堆火，往老鼠洞里灌烟。每到秋天，专门有人每天拎口袋，扛着铁锹，在豆地里找老鼠洞，翻出偷藏的黄豆，秋天能收获几十斤。黄豆是人们下饭的菜，除了生黄豆芽，还做成盐酥豆。做盐酥豆的方法简单，豆子炒好，趁热用盐水、小葱焖上几分钟，口感香脆又有嚼头。我更愿吃酱油豆，炒好的黄豆浸在酱油中，当咸菜下饭。从鼠洞里掏出来的黄豆，大都换豆腐。烟不住地钻进鼠洞里，浓烟熏得我流泪，老鼠顶不住了，从洞子疯狂地蹿出，小青去追赶。掀开洞盖，里面有一堆黄豆堆在那里，他哥俩高兴地拿出小布口袋，黄豆装进口袋。

回到自己干活的地方，遇到地上的洞，绝不轻易地放过去。我在地边发现老鼠洞，急忙跑过去，向小青借来火柴。

我学着他们的样子，拢起一堆豆叶子，很快浓烟滚滚，笼罩洞口往里灌。肥硕的大老鼠，狼狈地从洞口钻出，穿越烟雾向远处逃跑，我不去追它，只是对洞里的黄豆感兴趣。我搂的第一桶黄豆，装饭盒的书包拿来，装得满满。

中午饭我们一块吃，在地上挖个坑，将压车的水泥板架上，下面烧起一堆豆叶，所有的饭盒搁放水泥板上，烟雾散去，饭盒被烧热。我们坐在豆叶子垛上，吃着各自的饭菜。大地上堆起几十个小豆叶堆，这是我们一上午的收获。吃过饭后，搂起的豆叶打成捆，结束一天的劳动，可以开路回家了。

豆腐我喜欢吃，豆腐渣不喜欢。小学放寒假，几个人拉着爬犁，上面绑着盆，去豆腐房买豆腐渣。母亲把我们买回来结冰碴儿的豆腐渣，配上萝卜缨子，炖一锅饭，吃起来难吃，强迫自己往下咽。现在有人用豆腐渣拌上肉馅，氽丸子卖，我对这个不感兴趣。

贵阳丝娃娃

从电视上看过丝娃娃，看别人吃，和自己享受不一样。贵阳丝娃娃，别名素春卷，街头常见的小吃。

二〇二〇年六月九日，和朋友去万忆超市买东西，赶上中午，去六楼怪噜范吃丝娃娃、洋芋糍粑、烤鱿鱼。朋友说丝娃娃值得品尝，这种食物挺有意思，从其名解读，形状如同包裹的婴儿，所以起名为娃娃。大米粉烙成薄饼，有手掌那么大，卷入萝卜丝、折耳根、海带丝、黄瓜丝、粉丝、腌萝卜、炸黄豆、糊辣椒。包裹好后不能马上吃，要注入酸辣汁。

真正吃的时候，薄饼摊于左手中，右手持筷，每一种菜丝夹少许。包裹成上大下小的兜形，留口处灌入酸辣汁，即可开吃。对这套程序不熟悉，在朋友的指导下，笨拙地学做。最后入酸辣汁，还是弄得一手汁水。

吃丝娃娃，蘸酸辣汁起重要作用，少一样料，失去风味，味道发生变化。丝娃娃和春饼在制作方式上有一些相似，但实质不同，吃春饼是立春的饮食风俗。

最早的时候，春饼与菜放在盘子里，被称为春盘。从宋代到明清，吃春饼之风流行起来，皇帝在立春向百官赏赐春饼。孙国敉的《燕都游览志》，是第一部描写北京风光的散文集，可惜已失传，书中载："凡立春日，皇帝于午门赐百官春饼。"春饼的菜馅丰富，吃时夹入饼内，春饼中各种蔬菜，意指万物兴旺、六畜茁壮。其中春饼中卷芹菜、韭菜，借用两种菜的吉音，寄寓人们勤劳、生命健康长久，成为美好的象征。

我想有机会，朋友去北方时，一定请他吃春饼，品尝下北方"丝娃娃"，风味各有千秋。

家常黑菜

菠菜名字诸多，民间根据其根部的颜色，称其为红嘴绿鹦哥，形象生动。李时珍《本草纲目》中说明，多食用菠菜:“通血脉，开胸膈，下气调中，止渴润燥。”古时阿拉伯人，称菠菜为蔬菜之王。

二十世纪七十年代，我老家东北的秋天，晒许多干菜，以免漫长的冬季闹菜荒。干菜继承东北饮食文化，是新鲜蔬菜无法比拟的。黑菜饺子与白菜饺子一起，是过年时的美食。

除夕夜晚，包饺子颇有讲究，要保持弯月形。包制时面皮对折，右手拇指和食指沿半圆形边缘捏制，为百姓常说的捏福。有的人家饺子两角对拉，捏在一起，如同元宝，摆在盖帘上，象征金银堆满屋。饺子包上钢镚，吃到的人，新一年，好事多多。我祖母正黄旗人，她手工活好，每次饺子捏成麦穗状的花纹，形容新的一年收成好，粮食丰收。年三十儿包饺子，不仅包有讲究，摆放时还有规矩，不能乱摆乱放。俗话说："千忙万忙，不让饺子乱行。"

时间一到，下锅煮饺子时，一家之主亮开了洪亮的嗓子："日子起来了吗？"家人齐回答："起来了。"锅中水开，饺子浮起来，象征日子好起来。小孩爬柜子上蹿三下，表示新年蹿个高。

晚辈向长辈叩头拜年，家长给小孩守岁钱。亲戚们拜年，好友互相宴请，讲述过去一年的经历、对新一年的期待。除夕祭祖、祭天接神，接神时大门口放一根横木，老人说，可以阻邪祟进来。

这个欢乐的时候，黑菜饺子出现，主料干菠菜。秋天晾干放在筐里，或拿报纸包上，防止破碎。冬天吃时水发开，攮碎做饺子馅。秋天晒干菜，把菠菜择干净，红根可留，洗净沥去水分。水开烫一下，控去水分，菠菜挂在架子上。

母亲也不在了，吃得次数少了。现在一年四季，新鲜蔬菜随时可以买到，秋天晒干菜，只是为了调节胃口，怀念过去的生活。

酸菜炒小米饭

小米满语称为希勒布达，也叫黄粟、粟米。小米须根粗大，秆粗壮。它含有丰富的蛋白质和维生素，它既可作为主食，又可酿酒。

每年春节前，父亲收到乌拉街亲友寄的土特产，一袋小米，还有黏米面和东北粉条。乌拉街小米名气大，当年康熙皇帝东巡来到乌拉街时的主食，就是小米饭。在过去农业落后的时代，看不到农机具，一家全靠牲畜劳作，拉犁、拉车、拉磨和推碾子，谷草是马、骡和驴的饲料。清宫御膳房里流传一句话："松阿里的鲟鳇鱼，大乌拉的白小米。"

乌拉为满语，译成汉语是沿江的意思。乌拉街过去称布拉特乌拉，明朝建立之后，在乌拉街设立乌拉卫。明代中叶，乌拉部兼并周围女真各个部落，以乌拉街为都城，建立乌拉王国，多次与建州女真首领努尔哈赤争斗。一六一三年，努尔哈赤打败乌拉国，在这里蓄集力量向中原进发，进而得天下。

清顺治皇帝定都北京，乌拉街五百里范围内封禁，为“本朝发祥之圣地”。顺治十四年，乌拉古城设立打牲衙门，向皇家供奉东北特产，它和苏州、南京和杭州被后人称为清朝贡品基地，白小米为贡品之一。

在乌拉街杨屯村附近的旧街地方，有一块二十多垧的油沙地，这里产的小米叫稷米，是小米中的上品，全部逐级进贡，最后献到皇宫。乌拉街白小米，颗粒不大却饱满，色白带甜味，煮粥不糊汤。其营养价值高，是清朝皇后皇妃怀孕和产后的主食，有“代参汤”之美称。

满族酸菜炒小米饭，如果是乌拉小米，味道就更好了。陈以明在研究“味”的文章中指出:“中国历来重视‘以味媚人’，强调‘烹饪味为’。因此‘味’是中国烹饪艺术的灵魂，是其审美艺术的核心，是中国烹饪优良传统的精华所在，也是中国菜肴之所以能够征服世界屹立于当代烹饪之林的关键。正是它，才使得中国烹饪艺术长盛不衰，始终走在世界的最前列。”味好坏不仅是技艺，食材起到关键作用。学者强调味的突出地位，味道不纯，美食将失去意义。

满族酸菜炒小米饭，最好是大铁锅，柴盛火大。热锅下油，让酸菜炒出酸香，加入小米饭，不同食材相遇，在火焰中发生化学变化。火是孤独的思想家、天生的叛逆者，永远不会附和世俗。加斯东·巴什拉指出:“火在叙说，在飞舞，在歌唱。”哲学家把火的精神和情感，一语道破。酸菜与小米饭组合，创造出满族美食。

酸菜，是满族传统腌菜，大数人称为渍酸菜。赵秉文说出“辽阳富冬菹”之句，“冬菹”二字，就是指酸菜。顾太清现代文学界公认为“清代第一女词人”，她在《酸菜》中写道：

秋登场圃净，白露已为霜。

老韭盐封瓮，香芹碧满筐。

刈根仍涤垢，压石更添浆。

筑窖深防冻，冬窗一修觞。

诗人叙述酸菜的制作过程，朴素的描写，生动形象。大雪封山的日子，天寒地冻，一家人坐在热炕头上，吃着酸菜火锅、白肉和血肠。

早在辽金时期，女真人居住的地区多产白菜，有入冬渍酸菜的习俗。渍酸菜分生熟两种。熟渍，将白菜除掉老帮，切掉根，去叶洗净，放在开水锅中煮烫。取出，控干水分，缸中码一层，压实一层，放入食盐，防止落入油腻，以免烂菜。生渍，白菜头对头，一层层码好，隔一层撒盐，排好压上大石头。

酸菜是东北主要的过冬菜，可以熬冻豆腐、汆白肉酸菜、白肉火锅、炒肉酸菜、白肉血肠酸菜。酸菜酸味适口，又吃油腻，营养丰富，增进人们食欲。

小米，家常粮食不那么娇贵，可做花样翻新的饭食。在我老家，妇女坐月子，香甜小米粥是主食。产妇胃肠功能不好，活动量少，小米容易消化。煮小米粥卧几个鸡蛋，放点红糖，增加营养补身子。记得过去谁家生孩子下奶，母亲买鸡蛋，带一袋小米，去探望。

父亲把老家寄来的小米，让我带一些回滨州。每次拿出小米，想到小米从乌拉街来，感情就不一样。晚饭煮小米粥，炸一碗鸡蛋酱，洗两根鲜黄瓜、一根大葱，它们搭在一块，吃出特色。三月时，生彦寄来一箱真空包装的酸菜，除了做酸菜排骨炖粉条、焖小米饭，还学母亲做满族酸菜炒小米饭。一酸一甜香，有了与众不同的滋味。

第二辑

四季食思

采葴歌中有深意

垂红缀紫之诗

雀舌茶

一碗百年豆花面

布依族八大碗

盘中顿觉有光辉

热情奔放的调味料

茴香来，香又香

菌子之王

南山有杞

丁香花为谁开

西葫青青

核桃大树古风悠

青鸟衔葡萄

蘸酱菜的灵魂

此物最相思

宝塔近瞻涌几重

坚果中的贵族

森林的耳朵

采蕺歌中有深意

鱼腥草，草本植物，有一种异味，叶片心形，托叶下部与叶柄生成鞘状。它有诸多名字，广东梅县为狗贴耳，四川呼法有意思，为猪鼻拱。我在重庆吃火锅，每次想起四川叫法，觉得蛮有趣，折耳根和猪鼻拱无任何关联。段义孚指出："因此烹饪将我们所有人联系在一起，也使我们有所不同，每个共同体都有自己的食物及独特的制作方式。"我家乡不生长折耳根，按地理学家的说法，吃让人们相互联系起来，不改家乡味道，这是地域决定。

折耳根全株入药，嫩根茎可食，西南地区做蔬菜或调味品。在贵阳要过两道关，一是折耳根，二是辣椒。贵州人钟情折耳根，如同重庆吃麻辣一样。折耳根就是鱼腥草，有些怪味，一般人接受不了。

西南地区方言蕺儿根，音同折儿根。折耳根别名多，通称为鱼腥草。五月三十日，我来贵阳不几天，高淳海去学校回来，给我买了一袋折耳根。贵州特产“麻辣折耳根”，包装没有特殊的地方，商标妹幺两字，至今没理解什么意思。在贵州调味料称为蘸水，可干可湿，可为酱，可为汁，和桌上的菜有关，有时做调料烹制菜肴，甚至成菜。菜千变万化，一样东西不可少，就是折耳根。

在重庆折耳根单独成菜，也能在各种菜中当配角，涮火锅、烫串串、凉拌、炒菜、油碟。折耳根，学名鱼腥草，中医入药，重庆人做凉菜。凉拌折耳根，既吃茎秆，也吃叶子。吃火锅的油碟里少了折耳根，不免大打折扣，味道减色。油碟、干碟加折耳根，它们交融相会，有特色香味。

折耳根，又叫苦命草，对于土质要求不高，生命力顽强，在干旱环境下依然生长，适应贫瘠的土壤，故为能够在云贵川生长的可食植物。道光年间《遵义府志》，记载乾隆年间的灾荒，“村民皆掘侧耳根，采夏枯草、淀蕨菜以度荒年。”

寿光地处鲁中北部，距离我生活的城市一百多公里，那里是农学家贾思勰的家乡，他做过高阳郡太守，对农业生产有较深的了解。在六世纪三四十年代，写出我国古代农业科学巨著《齐民要术》。书中关于“蕺菹法”，就是鱼腥草的做法，鱼腥草洗过后，拿盐和葱白配着一起吃。唐慎微《证类本草》，为宋代本草集大成之作，书中记载：“唐本注云：山南、江左人好生食之，关中谓之菹菜。”药学家指的“关中”和“山南”，均在陕西南部，连接重庆、湖北一带。其中“江左”，就是今天的江浙沪，关中“菹菜”是鱼腥草。

有关折耳根的传说，是对地域和群体的口头记录，一种植物和美食，体现讲述群体的身份，说明他们和土地的关系。春秋年间，吴王夫差大败越国军队，越王勾践成为吴国人质。他为了取得吴王信任，早日回到自己国家聚积力量，准备重新崛起，忍受屈辱，通过“尝粪”，讨得吴王欢心。

勾践最终回到了越国，卧薪尝胆，重用范蠡、文种一些有胆识的人，“十年生聚、十年教训”。振奋精神，想办法治理好国家，击败吴王，成为一代霸主。尝过粪便以后，勾践落下难以治愈的口臭毛病。谋臣范蠡见此情况，进献一条计策。他说山野间有种野草味道腥臭，既然这样，不如号召越国人民，无论富贵贫贱，都食用这种野草。赵晔撰《吴越春秋》，记述春秋战国时期吴越两国的史学著作，书中载曰："越王从尝粪恶之后，遂病口臭，范蠡乃令左右皆食岑草，以乱其气。"王十朋写过《咏蕺》，描写勾践下定决心，努力谋求强盛的事迹，除了卧薪尝胆之外，还有采蕺食蕺。

十九年间胆厌尝，盘馐野味当含香。

春风又长新芽甲，好撷青青荐越王。

诗中咏的蕺菜，就是折耳根。南方人长久以来食用，非但不认为腥臭，却当作美食。折耳根叶子包裹生鱼，以减缓鱼的腐坏速度，也有人煎制汤水解暑。在西南人眼中，一天不吃折耳根，心失落落的。

对于这样的野菜，历代文人感兴趣，唐朝大诗人杜牧在安徽宣城游历，见到了山中鱼腥草，咏出"敬岑草浮光，句沚水解脉”的诗句。

地域不同，文化模式也不一样，各地折耳根吃法不同，这就是个性。每地做法受环境影响，在重庆吃法，清水洗净，沥干水分备用。姜、蒜切细碎，装入碗中入作料，浇在折耳根上，搅拌均匀，即可食用。在贵州遵义，折耳根炒腊肉每席必有，天天吃不厌的一道菜。折耳根与腊肉、辣椒味道交融，让人吃不够。

阳台落地玻璃窗外，看到花溪湿地公园，吃着高淳海买的“麻辣折耳根”，食与景和谐。麻辣油炸折耳根，酥脆，越吃越香。吃着小零食，读一则与折耳根有关的名人故事。

国画大师张大千，出生于四川内江，小时候家贫，母亲带他去田边采摘折耳根。张大千成名后，游历世界各地，吃过不计其数的美食，却说比不上母亲做的凉拌折耳根。他以折耳根为材料的素菜，成为张大千思乡菜。徐悲鸿在《张大千画集》序中写道：“张大千能调蜀味，兴酣高谈，往往入厨作美餐待客。”每一次请客，张大千少不了摆上这道菜。

吃完一袋“麻辣折耳根”，在贵阳对折耳根有了新的认识，味道不错，尽管我是北方人，对于典型的南方菜，还是适应得了。

在贵阳吃了许多折耳根，喜欢这个普通菜。我和高淳海去超市，他拿起“麻辣折耳根”，让多带几包回山东。

垂红缀紫之诗

一

初次见杨梅树，枝头残存少许果实，尽管不属于我这个年龄段，却抑制不住心中激动。

我站在树前，望着八九米高的常绿乔木，树皮灰色，纵向浅裂，树冠呈圆球形。杨梅，江南名水果，树皮富含单宁，可用作赤褐色染料，以及医药收敛剂。小时候，每次感冒发烧，母亲去附近小卖店，买一个杨梅水果罐头，也算给我解馋，并不是经常有这样机会的。有一年冬天，我患重感冒，母亲把仅有的杨梅罐头启开。一羹匙糖水，一颗杨梅，围着被子坐在热炕头上。糖水中的杨梅，每一颗入口爽滑，留下了深深的味觉记忆，酸甜可口的杨梅罐头，怎么也吃不腻。我五十多岁的人，对杨梅罐头的喜爱仍然不减。

树上残存几颗杨梅果子，由于太高不容易打下，它们躲过一次次险情生存下来。摘下一枚杨梅叶子，看着纹络，想起学过的有关杨梅的成语。

芒种是麦子长成有芒，到了成熟收获的季节。收芒而播种，所以称芒种。芒种有许多习俗，民间有送花神、安苗祭祀、煮青梅的习俗。南方五六月杨梅成熟的季节，含多种矿物质，调节酸碱平衡，增强人体免疫力。新鲜杨梅酸涩，加工后味道更佳，这过程便是煮梅。

诗人江淹，他的四言诗《杨梅颂》，描写杨梅的树形及生长环境，以及赞美杨梅的个性：

宝跨荔枝，芳轶木兰。

怀蕊挺实，涵黄糅丹。

镜日绣壑，照霞绮峦。

为我羽翼，委君玉盘。

杨梅微酸，古人食用时，加食盐渍浸杀菌，减少酸味。李白为友人写过《梁园吟》:“玉盘杨梅为君设，吴盐如花皎白雪。持盐把酒但饮之，莫学夷齐事高洁。”提到撒盐食梅，请友人勿学伯夷、叔齐不食周粟，从另一个角度凸显杨梅的美味。杨梅是我国古代最古老的水果之一，因“形如水杨子而味似梅”得名。古时杨梅、荔枝和葡萄，属果中珍品，文人墨客笔下多情，偏爱杨梅。

平可正的《杨梅》，是知名度较高的杨梅诗，在世间传诵：

五月杨梅已满林，初疑一颗值千金。

味胜河朔葡萄重，色比沪南荔子深。

飞椗似间新入贡，登盘不见旧供吟。

诗成一寄山中旧，恐起头陀爱渴心。

宋代项世安在家中种植杨梅树，每年果实接连成串。他经历杨梅生长，写下长诗《杨梅》。不仅写出杨梅形态、果肉味道，而且由杨梅想到果农困苦，并对其表示同情。

二

二〇二〇年六月九日，中午吃饭后，高淳海开车，我们去龙井村看古泉水。我们从龙井村出来，回家路上，顺路游览青岩堡。

车子爬上山坡，眼前是有着民族特色的楼牌大门。城门上有青岩堡三个大字，檐部向上翘起飞檐，斗拱外层桁檀挑出，使城楼造型优美。走进青岩堡，一条六百多米的仿古商业街，房屋白墙灰瓦，墙上绘制着多幅民俗风情画。两边是手工艺品店、茶艺馆、咖啡吧。

在玉带河入口处，生长着几棵杨梅树，年轻的父亲陪着女儿，摘枝头仅存的残果。由于个头原因，他不断地跳起，向空中伸展手臂增加高度，打下几粒杨梅。父女俩高兴得直叫，果子在衣服上擦几下，就投进口中，并且说好吃。他看我们在观望，兴呵呵地说没有农药。高淳海用背包，打高处枝头残留的杨梅。我们学着年轻父亲的样子，杨梅直接入口，果味酸甜。

路另一侧有一排房子，落地玻璃窗，这是历史档案展厅。墙上有一些老照片，简单文字，描述这个地方当年所发生的事情。当时大门上锁不能进去，里面光线昏暗，我们脸贴在窗玻璃上，仍旧读文字。

天启三年（1623年），“安邦彦分兵围青岩，断定番（今惠水县）饷道，贵州巡抚王三善遣王建中、刘志敏救青岩，定番路通，即此。”青岩堡原是朱元璋为立足贵州拱卫贵阳，设贵州前卫所辖十几个屯堡的第九个百户，在狮子山的西南麓的山脚，控制着贵阳至黔南驿道，地形十分险要。

祈福台位于商业街入口处，走下一米多宽的青石台阶，两边枝叶茂密，伸出的横枝挡住前行路。玉带河栈道在改造升级，越往下走，堆满建筑木材和铺设的铁架格，无法到河边。只能站在台阶上，望着流淌的玉带河。

清乾隆《贵州通志》记载：“自崆岷山发源，贯入城中，流会南明河。”古老的玉带河，河水清绿，水中生活着各种鱼虾，两岸树木交织，竹子随风摇动。

玉带河上有桥二十二座，明清时期建造十六座，承载贵阳城的人文历史。阿莱达·阿斯曼指出："那么记忆就是指向后方，穿过遗忘的帷幕回溯到过去。记忆寻找着被埋没、已经失踪的痕迹，重构对当下有重要意义的证据。"从历史中找寻，不只是为了解读和作为导游图。

清代康熙《贵州通志》载道："化龙桥，在府新城上，有大石，形如灵龟。"它是双孔石桥，贵阳民俗每年正月舞龙，舞完龙以后，举行烧龙仪式，送龙上天。各支龙队送到化龙桥下河坝焚烧，为此称化龙桥。刘韫良《壶隐斋联语类编》，录有化龙桥一副楹联："晓霁虹状波上卧，秋高龙早雨中飞。"

普陀桥原名镇北桥，又名福桥。道光年间《贵阳府志》谓曰："普陀桥，一名福桥，原名镇北桥。"普陀桥的称法沿用至今，也叫普陀路。桥旁白鹦巷，有一庵名白鹦庵，供观音菩萨。古时传说中观音菩萨在普陀山得道，观音菩萨大慈大悲，关心百姓生活的疾苦，故桥名改普陀桥。

喷水池从前叫黑石头，每逢暴雨降临，玉带河河水泛滥，这一带地势低洼，逢水便遭淹。人们希望没有危险，于是在北门桥南侧修了一座石拱桥，取名太平桥。在桥上建龙王庙，祈求龙王管住洪水。清代有一副楹联："水挽银河来尽洗，风乘琼岛韧难移。"反映百姓的愿望，迫切希望保佑平安。

贯城河上六洞桥最有文化底蕴，位于贵阳城南。六洞桥原名月殿虹桥，清乾隆年间《贵州通志》记载："月殿虹桥，在贵阳县治前，又名六洞桥。"道光时期《贵阳府志》："六洞桥，在永祥寺前，原名月殿虹桥，有桥六。"

自清乾隆以来"有桥六"，习称六洞桥，沿用到二十世纪五十年代，后改名为六洞街。在清代，六洞桥和普惠桥边出过两个著名人物。一八三七年，张之洞出生于六洞桥。张之洞，晚清名臣，清代洋务派代表人物。一八三三年，又一位人物，是出生在普惠桥边长春巷的李瑞棻，他是我国新学倡导者，清末维新变法的重要一员。他官至礼部尚书，梁启超赞誉："二品以上大员言新政者，仅瑞棻一人耳。"清光绪二十二年（1896 年），李瑞棻疏请在北京建立京师大学堂，就是现今的北京大学。

我在时空交叉点位，迈出走向玉带河的步子。从玉带河边回来，在停车场对面"缘来香"小吃，要了一份米豆腐、两份杨梅汁。

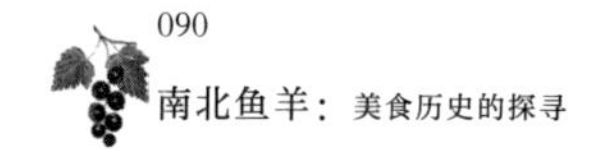

三

离开贵阳一个多月，七月十四日，待在家中读书。窗外下起入伏的第一场雨，细雨不停，风挟湿气涌进来。读李渔的《闲情偶记》，他在其中一文中，记下自己与杨梅的故事。

明崇祯三年（1630年），李渔二十岁，从如皋回乡完婚。第二年，借住在兰溪城里读书，准备参加金华科举考试。不料，那一年兰溪城发生瘟疫，李渔不幸染病。

端午节前后，杨梅上市的季节，他无力气地问妻子，街头有卖杨梅的吗？妻子没有回答，她知道街市上已经有了，但丈夫重病不敢让吃。她让人问过郎中，得到的答复，杨梅性热与病症相冲。

妻子和家人托词应付，说时间还早，现在没有下来。李渔住的房子临街，吆喝声不时传进屋来。小贩挑着杨梅担子，边走边叫卖，从门前经过。李渔执意要妻子去买，妻子没有办法，只得照办。

妻子把杨梅送到床前，李渔伸出骨瘦的手，拿起一颗送入

嘴里。咬一口，甜润的气息，如同生命之火点燃。妻子看到丈夫的样子高兴极了，郎中的嘱咐也忘到了脑后，端上所有的杨梅，让他吃个痛快。从这件事之后，李渔爱杨梅的事情许多人都知道了。他在《杨梅》中赋：

性嗜酸甜似小儿，杨家有果最相宜。

红肌生粟初圆白，紫晕含浆烂熟时。

醉色染成馋客面，馀涎流出美人脂。

太真何事无分别，同姓相指宠荔枝。

这首七绝诗五十六字，李渔把杨梅的形象呈现于纸上。后来，他又写了一篇《杨梅赋》，他高兴地说道：“南方珍果，首及杨梅。”

打开电脑找出拍的照片，其中有青岩堡杨梅树，还有一张杨梅汁的。回到北方黄河岸边的家中，这个季节新鲜水果大量上市，但无法买到杨梅，只有超市卖杨梅汁和罐头。每一次看到杨梅罐头，总是回忆小时候，母亲开启罐头的情景。

雀舌茶

都匀毛尖素有“小江南”的称呼，茶香气清嫩鲜，味鲜醲，汤色清亮。泡开的叶子色绿清淡，挺秀匀齐。我从黔灵山麒麟洞前买了都匀毛尖，回到家中，泡在玻璃茶杯中，有另一种风格。

注视水中浮沉的茶叶，在没有来贵州前，喝山东日照绿和崂山茶，还有一些南方茶。司马迁《史记》记载，汉武帝时，巴郡茶叶被运到甘肃武都出售，巴郡包括今贵州一些地方。茶圣陆羽《茶经》指出“其味极佳”，对贵州茶做了高度评价，将黔东南、黔南一带列为我国六大茶区，贵州茶叶声名远播，久负盛名。对于贵州茶喝得少，初次喝都匀毛尖茶。

都匀毛尖，我国名茶，属绿茶一类，早在明朝时期，即为贡茶。清明前采摘头道芽头，俗称瓜米茶。手工炒制，制成毛尖茶，翠绿滋润，毫毛满布，有特殊清香，饮后生津口爽，余味悠长。

二〇二〇年六月十一日，清晨五点多钟，小区谁家养的公鸡报晓，一声声响亮，打破晨时安静。我拉开窗帘，天气晴爽，说好今天去黔灵山游玩。

黔灵山原名大罗岭，旧名唐山。洪武至永乐年间（1375年—1414年），镇远侯顾成游登发现圣泉。清康熙十一年（1672年），赤松和尚来到此地，见大罗岭南众山间平展窝地。当时是山脚苗寨大罗木寨民罗氏祖地，他便向罗氏化缘求捐。赤松在山中盖茅庵，寺庙初期取名黔灵山寺，黔灵意译贵州之灵山。这座山因黔灵山寺得名，后来赤松和尚将黔灵山寺改名弘福寺。

二〇一四年，我写《梁实秋传》，购得闻立雕《红烛：我的父亲闻一多》。一九三七年，七七事变以后，北京大学、清华大学和南开大学迁至湖南，合并为“长沙临时大学”，后来迁往昆明，师生组成湘黔滇旅行团。他们从长沙乘船到常德，沿湘黔滇公路步行前往学校新址，三千五百多里路程。闻一多跟随旅行团，于一九三八年三月十三日进入贵州，途经许多城镇，跨越千山万水，四月二十八日到达昆明。闻一多在旅途中看到了民国政府的腐败，百姓生活在苦难中。他同时也被黔滇自然风光所感染，拿起荒疏画笔，一路走下来，画了多幅沿途所见的山川景物。他给妻子高贞的信中写道："沿途所看到的风景之美丽奇险，各样的花木鸟兽，各种样式房屋器具和各种装束的人真不知从何说起。途中做日记的人甚多，我却一个字也没有写，十几年没有画图画，这回却又打动了兴趣。"闻一多在一个多月的旅行中，作画百余幅，其中三十三幅绘于贵州途中。闻一多沿途所作的画，均为铅笔速描，有时一天画三四幅。四月一日，创作《贵阳一角》《黔灵山东峰》《黔灵山脚》《甲秀楼》。

黔灵山公园鸟类繁多，猕猴活动于七星潭及弘福寺一带。这些无法吸引我的注意，重要的是参观麒麟洞，曾经软禁过张学良。

麒麟洞名字响亮，原名唐山洞，洞内有钟乳石很像麒麟。明嘉靖九年（1530 年），洞外建有一庙庵，名白衣庵。洞内原有一石碑，上刻明嘉靖九年，镇守贵州的杨金所作《唐山洞》一诗，云：

白云深隐一唐川，枕石烟萝洞口连。

策杖适情寻古迹，分云乘兴见壶天。

千重岚气千峰翠，万颗垂珠万象悬。

柯烂棋终事已往，吾身来复入桃源。

碑现已无存，只能从档案中读取这段历史。

我们从南门进麒麟洞。

洞中石乳凝结成为各种形状。其中最大的如麒麟，故名麒麟洞。麟、凤、龟、龙被共称为“四灵”。麒麟是神的坐骑，古人常把它当作仁兽、瑞兽。雄性称麒，雌性称麟，可用作比喻杰出的人。

当年张学良将军遭软禁，除了档案记载，白衣庵小尼姑王启华作为当事人，从她口述中了解和收集资料，作历史回忆：“我十四岁左右和我师傅等四人住在麒麟洞（白衣庵），推点豆花接待游人和香客。张学良关进后，就只准我们四人进出。”麒麟洞四周山上驻扎三个连的士兵，二十四小时，有便衣特务看守。和张学良一起软禁的，还有赵一荻小姐和女佣。

我走进房中看着墙上的照片、床和一些物件。张学良住左边房，赵一荻小姐和女佣住右边房，中间是会客和吃饭的地方。我站在厅中间，面对空荡的房间，当年张学良生活过的地方。地上留有他的脚印，或许在这吃过的家乡饺子，尽管贵州人吃的酸菜，和东北酸菜相异。于凤至因为得了乳腺癌，去美国治病，以后由赵四小姐陪伴，照料他的生活。

一九四一年，初冬时节，张学良阑尾炎复发，做了阑尾切除手术。张学良第一次住贵阳中央医院，走漏风声，外界传出他在贵阳治病的消息。军统局决定不住医院，在麒麟洞白衣庵给张学良做手术。仍由贵阳医学院兼省立医院外科主任杨静波大夫主刀，李迎汉、杨洁泉作为助手。

张学良第二次手术后，腹腔出现脓肿。医院医药器具缺少，普通引流管都没有。护士长邓兹年想办法，拿香烟锡箔纸卷着纱布，作为代替品。纱布不够就用皮纸，这是棉花做原料的一种纸，在无奈情况下做纱布。

黔灵山气候温和，老树高耸，溪泉清澈，猕猴和鸟儿栖在林间。康熙二十七年，登山小路开辟为九曲径，盘绕而升，一曲一折，沿途石头峻峭，树木枝繁叶茂。山顶有一座弘福寺，林木层叠，翠荫交织。山后有一个圣泉，山前有洞、清池和碑石，后山脚下是黔灵湖，站在石堤上，或在水榭楼台上，湖的风光，山的景色，尽收眼底。登上弘福寺右侧的王岭，俯瞰贵阳全城景色。而麒麟洞前有一片平地，花木繁密茂盛，举目望着对面狮子崖。

张学良住处前有紫薇树，对面摆摊卖都匀毛尖茶。我还在很远处，卖茶的中年男子吆喝起来，兜售自己的茶叶。

都匀毛尖味道好，生津解渴，为贵州三大名茶之一。都匀毛尖茶，又名都匀细毛尖、白毛尖、鱼钩茶、雀舌茶，产于贵州南部都匀市，所以为都匀毛尖茶。都匀毛尖茶是明代崇祯年间以来，历代皇室贡茶，坊间流传有一种说法，“北有仁怀茅台酒，南有都匀毛尖茶。”

我们参观麒麟洞，带着潮湿气来到阳光下，走了很长一段路，身体需要补充水分。来到茶摊前，来了两杯都匀细毛尖，解除夏的酷暑，又能回味其背后的历史。

一碗百年豆花面

站在御林铭园小区七楼，向窗外望去。夜色中灯火点点，高淳海指着远处灯光闪烁的山头，那是布依族麦翁寨，傍着花溪十里河滩。初次来贵阳，听到麦翁寨的名字。

二〇二〇年五月十九日，公鸡的生物钟受光线变化影响，看到天色透亮，打鸣预告天亮。我从睡梦中被唤醒，叫声打破安静。

洗漱后，独自走出楼道，去花溪湿地公园跑步。离小区不远处，有家遵义豆花面馆，看到这几个字，感觉有些兴趣。豆花面馆不大，几张桌子，墙上挂着菜单，我是奔豆花面来的。

豆花，也叫水豆腐，点豆腐的窖水存放几天后，使其成为酸汤。用它点豆腐，没有石膏的苦涩味，豆腐细嫩，比豆腐脑紧实，豆香淡淡。

这是家夫妻店，丈夫掌勺，妻子做服务员。端上的碱水面浸在豆浆里，扣上白豆花，配以辣椒蘸水。吃完豆花面，走出小面馆，沿着高淳海说的路线，向十里花溪湿地公园走去。

一九七九年创刊的《花溪》文学杂志，是我对花溪的记忆。八十年代，我喜欢它，并订阅几年。“八十年代的《花溪》文学月刊，发表过许多全国文学大家的作品，崔道怡先生主持过一年的‘文学十二家’栏目。”多年没有看随时代变化的刊物，《花溪》存在记忆中。

走进古寨子里，停车场前的一条路，就是十里花溪健身道。我选择临水小路。头一次来这里，东西南北分不清，不熟悉路线。

我决定向西走，水边路不是健身道，而是随地势而修的青石板路，依水而走，心情清静。初次来，对于新识的植物感兴趣，不时用形色软件认识花名。我见到了老朋友打碗花，开在水边草丛中。结识了新植物木本曼陀罗，黄金菊，芦竹，粉绿狐尾藻，扁穗雀麦，花叶芦竹，白车轴草，白花紫露草。花溪水中游动着一对鸳鸯，它们自由自在。我来到农耕文化园，坐在竹草棚下条椅上。健身道不时有人跑过，东侧的布依族水田，秧肥棵壮，风吹涌动绿波。西侧主题区有一架踏碓，发明于西汉，我国南方使用的谷物脱壳器具，踩踏杵杆一端，使杵头起落舂米。前面有一片园子，竹篱笆墙里种着豆角、辣椒和南瓜。

享受，大自然的风光，不想过早回到住处。吃豆花面的兴奋尚未消失，在手机上查阅它的前生今世。遵义市中心湘山上的湘山寺，是黔北佛教中心，始建于唐大历年间（公元 766 年前后），名万福寺。元代元贞年间（公元 1295 年）名护国寺，明末改为现在的名字。千余年来，几废几兴，尤以明末平蕃之后，夷为平地，至清乾隆初年才得重修。清代光绪年间，在遵义一户做善事的人家，长年吃斋念佛，在湘山寺山脚下开有面馆。只卖豆花素面，利润微薄，便于烧香拜佛的信徒。价格不高，味道大众喜爱，到民国年间，已成为遵义名小吃。

一碗豆花面，由豆花、碱水面、现磨豆浆和蘸水相配，外表看似简单，内容讲究。面熟后软硬适宜，豆浆为汤，盖有嫩豆花。豆浆做面汤，保证原汁原味。

我坐在条椅上，吹来的风挟着花溪水的湿润气。贵阳第一顿饭吃的不是大餐，而是一碗百年豆花面。

布依族八大碗

从黄果树景区下来，已经五点多钟，开车走高速两个多小时，才能回到花溪区。

进入停车场门口，有一位中年妇女背着包，在卖波波糖。在山上时，很多摊位都卖波波糖，这是当地名小吃。

马路对面许多家餐店，“布依族八大碗酒店”牌匾显眼。来到黄果树游玩，吃当地特色美食，才能算圆满结束。

我们走进“布依族八大碗酒店”，坐在一楼临窗座位。

我们点了布依春卷、红糖糍粑和花糯米饭，要了素豆腐。店主问喝点什么，由于身体原因，我滴酒不进，只能看着墙边方条桌上，摆放着土酿的黄氏原浆酒、刺梨药酒、茅台镇散酒，桌下空间摆放三大坛酒，坛口扎块红布，印着金色酒字。

我对布依族花糯米饭感兴趣，天然香草制作。农历三月初三，布依族传统节日，家家都做五彩花米饭，以祭祀社神和先祖。人们去山野挖野生植物紫叶、枫香叶，捣碎植物的根、茎、花和叶，提取出黑、黄、紫三种色素。洗净糯米，浸泡于各类植物染料中，待各种色彩浸透，米的颜色完全改变，拿水淘干净，放在簸箕中阴干，美味花米制作好了。

芭蕉树下，一轮圆月升起，燃起一堆篝火，穿着布依族服装的男女青年，男青年吹芦笙，女青年跳孔雀舞，唱着歌谣，跳起古老舞蹈。

店主送来一个小盘，包裹糖纸的三粒扁球状的糖。在来贵州之前，不知道有波波糖。店主性格爽快，他是布依族人，自豪地讲述波波糖。

波波糖主材为糯米、饴糖和无皮炒熟的芝麻粉，经过加工制作而成。饴糖经受高温，加入芝麻末，相碰起酥，卷为扁圆形状，好似风吹水面形成的波纹，所以名为波波糖。

我咬了一口波波糖，满口芝麻清香，类似滨州芝麻糖的风格。拿起一颗端详，它为什么与众不同。波波糖，别名饽饽糖、波波酥，贵州四大名糖。它的特点，香甜易化，百姓也称落口酥，是外婆做给孙儿的点心，乡下称婆婆糖。

明朝弘治十六年（1503年），波波糖创制于苗族王宫中，是宫廷点心。前清传至民间，晚清得以发展，到现在五百多年了。清朝咸丰年间，刘兴汉应知县“征集制糖佳品，发展镇宁糖食”的号召，文人墨客恭贺，赠联云：“镇宁城，钟鼓楼，即宏且高，高临全宇称魁首；功达号，波波糖，又脆又香，香酥沁人誉名州。”从此以后，不管什么原因，赴京赶考，过往行人，经过此地都会买波波糖。作为赠送亲友的礼物，也有为解途中思乡之情。

店主看到波波糖吃光，又上一小碟。我们交流起来，知道我出过美食的书后，送我们一袋波波糖。

天色渐黑，吃了布依族春卷、红糖糍粑和花糯米饭，品尝波波糖。我们告别“布依族八大碗酒店”，开车回贵阳。

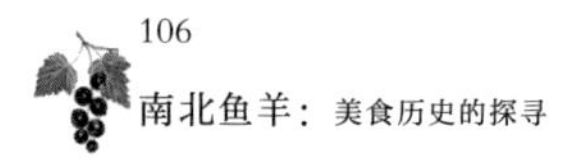

盘中顿觉有光辉

陆容编撰的《菽园杂记》，是一本明代朝野掌故史料笔记，可与正史相互参证，并补史文不足。其中一则《黄瓜》记载："王瓜非今作菹之瓜，其实小而有毛，《本草》名菝葜，京师人呼为赤包儿。谓之瓜者，以其根相似耳。今人以其与苦菜并称，遂疑即今黄瓜，而反以黄字为讹。"

黄瓜，张骞出使西域后带回中原，在我国已有两千年的历史。历代文人墨客中，有许多美食大家，苏轼写过《浣溪沙·簌簌衣巾落枣花》：

簌簌衣巾落枣花，村南村北响缫车，牛衣古柳卖黄瓜。

酒困路长唯欲睡，日高人渴漫思茶，敲门试问野人家。

有一天，苏轼行走在乡间，枣花落在衣服和头巾上。他看见有户人家，敲开门，问有没有茶。苏轼写出了山野情趣。

诗人陆游，也是一位美食家，有诗词咏叹佳肴，对于饮食有独到的见解。陆游烹调技艺很高，时常下厨掌勺。他到了晚年吃素，亲自种菜，认为吃素既节俭，又可养生，自谓“从来简俭是家风”。他有一首《种菜》：

白苣黄瓜上市稀，盘中顿觉有光辉。

时清闾里俱安业，殊胜周人咏采薇。

俗语四大鲜，是指“香椿芽，头刀韭，顶花黄瓜，落花藕。”当时黄瓜不是普通菜，它是稀有品种，如果在早春二月，能够吃到黄瓜，可是一种奢侈。

小时候去姥爷生活过的符岩山区，门前菜园子里种茄子、豆角和黄瓜，饭前摘几根黄瓜，做蘸酱菜。我端着葫芦瓢，走进园子。这里的黄瓜有两种不同品种，表面小刺、凹凸的是旱黄瓜，表皮光滑的为水黄瓜。旱黄瓜，一年生蔓生，瓜身鼓起小疙瘩，带有软刺，并不伤手，脆生生的味道醇厚，深受东北人喜爱。

一九三九年，有一段时间，萧红住在北碚黄桷树小镇上。端木蕻良忙自己的事情，萧红经过一场生产，失去一条生命，离家越走越远。每次过嘉陵江看着江水流走，她想起家乡的呼兰河，长夜敲打的梆子声，一次次走进记忆。她开始创作《呼兰河传》，二伯、冯歪嘴子……一个个人物记录下来。

二〇一〇年十一月，北方进入冬季，而重庆还穿着单衣，走不出多远路，身上便出汗了。江雾使对岸朦胧，我和高淳海走进下坝七十九号，蓝色牌子竖在门旁。第二次去重庆，江上飞跨一座大桥，当年萧红每次来北碚坐渡船。等船过程中，一些人物悄然出现，牵扯漂泊的心灵。我们步行过江，走进复旦大学旧址。

我是为了萧红而来，在一片破旧矮房子里，寻找她当年去过的地方。

萧红创作《呼兰河传》，祖父、有二伯、冯歪嘴子，这些人物一一出场。她眼前出现爬蔓子的黄瓜，蹿满厨房的窗子，黄瓜的叶蔓，她说“细得像银丝似的”。清晨太阳出来，细小蔓叶上，涂抹一层釉似的光亮，“那蔓梢干净得好像用黄蜡抽成的丝子，一棵黄瓜秧上伸出来无数的这样的丝子。”丝蔓的尖顶卷曲，它们随着心性，攀伏于大树上，卷盘于野草茎上，爬上墙头和窗棂。

萧红清晰记得，“还有一棵倭瓜秧，也顺着磨房的窗子爬到房顶去了，就在房檐上结了大倭瓜。那倭瓜不像是从秧子上长出来的，好像是由人搬着坐在那屋瓦上晒太阳似的。”有时萧红和祖父在后花园玩，冯歪嘴子的脸卡在窗子中间，他亲热地喊萧红，向她索要黄瓜。

萧红高兴做这件事情，痛快地摘黄瓜，踮起脚尖从窗子递进去。窗子被黄瓜秧封堵，交织严密，扒开叶蔓，看到冯歪嘴子枯瘦的脸，温情的眼睛，他伸手接黄瓜。

祖父在园子里的时候，他们隔着绿墙窗口，东一句西一句闲扯。冯歪嘴子平时，伴一头不会说话的驴，见到萧红的祖父格外亲切，把一肚子话往外掏。他说拉磨的小驴，这几天蹄子坏了，走起路一瘸一拐。祖父慢悠悠地说，赶紧请兽医瞧瞧。冯歪嘴子叹气地说，早都看过了，一点不见好，也不知有什么偏方。祖父心疼地问，给驴抓的什么药？冯歪嘴子情绪不高地说，现在就使用老办法，“吃的黄瓜子拌高粱醋”。

茅盾评价《呼兰河传》指出：“它是一篇叙事诗，一幅多彩的风土画、一串凄婉的歌谣。”他从多角度说出萧红创作的主体思想，采取客观的视角，描绘社会习俗的场景。真实复原历史原貌。不是因为我偏爱萧红的文字，是因为她是如此情真地写黄瓜。

满族人饮食生活，一年四季离不开酱，蘸酱菜东北人的最爱。档案记载，盛京内务府经常向清宫进贡清酱、大酱和酱菜。东北人每家备有小酱缸，用于春节下酱食用。到了夏末初秋，小黄瓜、小辣椒、豇豆、扁豆时鲜菜，洗净后放入酱缸，制成酱缸咸菜。

炒黄瓜酱，满族传统小菜，清朝建立以后，被带入北京成为宫廷菜，还深受慈禧太后喜爱。酱菜主料：瘦猪肉，嫩黄瓜，豆瓣酱。黄瓜加入盐腌一会儿，除水分备用，肉丁煸炒，放入葱末、姜末、大酱煸炒，散发出酱香味。加入黄瓜丁，淋少许香油，翻炒即可。

黄瓜清香怡人，脆爽可口，最简单的方法，拿刀拍碎，浇上香油，酱醋拌匀，就可以上桌。黄瓜是主角，每天晚上不吃饭，吃两根黄瓜替代。

伏天人们精神不振，食欲不好。今天二伏，要吃过水凉面。面条煮熟以后过水，拌上蒜泥，撒上黄瓜丝，浇卤汁，味道鲜美。

热情奔放的调味料

清代嘉兴名医顾仲，一生重视养生，对于美食颇有研究，记载制作芥末的两种方法："二年陈芥子研细，用少水调，按实碗内。沸汤注三五次，泡出黄水，去汤，仍按实，韧纸封碗口，覆冷地上。少顷，鼻闻辣气，取用淡醋解开，布滤去渣。加细辛二三分，更辣。"另一种制法芥子入盆捣细末，醋加水调和。细绢挤汁放到缸内。

第一次吃芥末，是父亲从上海带的袋装粉，中午做凉拌黄瓜丝，入芥末后，菜的风格发生变化。现在我家一年四季必备芥末，大多青芥末膏，便利不须调兑。

芥末，有绿芥末和黄芥末，黄芥末源于我国，芥菜种子研磨而成。青芥末，原产日本，是用植物山葵的根茎磨成的酱，色泽为绿。芥末作为调料，可用作泡菜，或拌沙拉，为各种菜做调味料。

芥末可做多样菜，虽是调味料，却起着穿针引线的作用。芥末肚是美味菜，主要材料熟猪肚，配上粉皮和蒜头，经芥末粉调料。芥末西兰花，主料西兰花，适量芥末。

汪曾祺说，老舍先生家的芥末墩儿，是他吃过最好的芥末墩儿。老北京年夜饭必备菜，满族人喜欢这道菜。芥末墩儿属于凉菜，脆嫩爽口，芥末味钻鼻，解腻通气，为冬春两季的时令佳肴。吃的时候，筷子把芥末墩儿，夹出来放在碟内，倒些原汤，五味俱全，喝一口透心凉爽。

我家常年有青芥末膏，拌凉菜放一点。每次吃水饺，辣椒油、蒜酱和芥末必不可缺。二〇一九年五月，去龙口参加笔会，晚餐大多海鲜，有芥末蘸料，在桌的各位文友，不敢吃芥末。我和芥末是老朋友，在众文友注视下，吃了一口冲鼻的辛辣，浑身通气。

中午吃凉面，过水后撒上黄瓜丝，几枚香菜，挤出芥末膏。第一口下去，赶跑伏天暑热。

茴香来，香又香

在早市上，一年四季都卖茴香，山东人加个苗字。茴香苗，嫩茎和嫩叶可食用，种子做药或香料，茴香苗有特殊香气，常用来做馅。我家邻居每逢星期天便买茴香苗，不是包茴香包子，就是茴香馅水饺。我家也经常吃水饺，包茴香馅，茴香苗剩下，第二天，做一盘鸡蛋炒茴香苗。北方人吃茴香不限于饺子，它还能做出多样的菜，茴香油条、茴香打卤面、茴香炒鸡蛋、茴香肉丸、茴香疙瘩汤。

二〇二〇年，我们一家人春节在昆明度过，三十儿晚上，在傣族酒店吃孔雀宴。有一道清拌茴香，味道鲜美，清香爽口。我学会此菜，经常凉拌一盘，即省力，又不用过多调料。

云南民间除了采籽，还有茴香叶焖臭豆腐、茴香煮土豆。

茴香阔叶三角形，每年五六月份开花，茴香花为黄色小花。八月份茴香结果，缀满枝头，茴香果实晒干，便是人们常用的香料。

陶弘景在其《本草经集注》中曰："煮臭肉，下少许，无臭气，臭酱入末亦香，故曰茴香。"李时珍说："茴香，宿根，深冬生苗作丛，肥茎绿叶，五六月开花，如蛇状花而色黄。"茴香既能做香料，根、叶又可入药。

茴香是香料植物的主要品种，广泛用于食品调味。在外国文学中经常能读到茴香酒，酒含有茴香精油，加入冰块，使之混浊，变成乳白色的悬浊酒。

茴香不贵，摊主不拆捆卖，要买就是一捆，根据家中人口情况，选大捆或小捆。高淳海每次从重庆回来，提出吃茴香水饺，在西南吃不到这样馅的水饺。三伏天，从早市买小捆茴香，学着在昆明吃过的凉拌，清香爽口，又省力气。

菌子之王

三个竖立的松茸，如同伸展的手指，左侧是简介。下端半弧形的绿色，长白山松茸几个红字勾白边，上写延边特产。

每次做米饭放几颗，享受家乡山野之味。松茸被视为食用菌中的珍宝，天然野生山珍，人工无法培植。在日本、欧洲均享有很高的声誉，有着“海里的鲱鱼籽，陆地上的松茸”的说法。

淳祐五年，陈仁玉写成世界最早的食用菌专著《菌谱》，称松茸为松蕈。李时珍在《本草纲目》中，称其为“松蕈”。松茸菌呈伞状，柄较粗壮，表面干燥，菌肉白厚。在松林或针阔林混交中群生，也有散生，甚至形成蘑菇圈。鲜松茸含有诸多元素。

二〇〇七年六月，高维春陪我到三河镇，中午在一家朝鲜族风情农家乐，盘腿坐炕上，一筐箩蘸酱菜。野菜长在大地上，吃时采摘。其中有苏子叶，新从地里摘采，野菜清新。高维春说这个地方产松茸，而且质量好，每年秋天举办松茸节。

二〇一九年八月，朋友们陪我参观敦化市西南四十多公里处，寒葱岭密营遗址。寒葱岭，意指猎人支锅的地方。这里是当年东北抗联战斗和生活过的区域，抗联英雄杨靖宇、魏拯民、王德泰、陈翰章、侯国忠，都在寒葱岭打过伏击战。我走上山，看到当年的战壕，目前是保存最好的抗联密营遗址。

在寒葱岭密营文化展览馆，看到大量珍贵的历史照片和抗联遗物。我国史学有“左图右史”的传统，图像更多接近历史。所以邢义田指出：“用两只眼睛同时考察历史留下的文献和图画，应该可以见到比较‘立体’的历史。”从一张张照片，看到过去年代发生的真实情景，从中寻找出东北抗联的踪迹史。染着时间痕迹的历史照片，还有抗战遗物，它们记录着东北抗日联军宁愿死不屈服、绝不动摇的民族气节。

我第一次看到这么多抗联照片，过去读过写抗联的文学作品。今天在这片曾经的战场，感受不一样。

朋友家在寒葱岭密营文化展览馆不远处，木障子围的小院，具有林区特点。中午盘腿坐在火炕上，吃着从山野菜，这个季节采松茸，上了一盘鲜松茸。我头回见到新鲜的松茸，采回洗净，最后蘸香油和盐调兑的作料。朋友说，如果不放香油，蘸盐面味道更鲜美。

南山有杞

春暖花开时节，枝头萌发的嫩芽，就叫枸杞头。春天枸杞长出嫩芽，掐鲜嫩的叶子，为春野三鲜之一，热水焯过后，加入调料拌匀，作为凉拌菜食用。

我家常年备枸杞，主要是从东北老家带回来的。宁夏枸杞名气大，明朝弘治年间被列为贡果，分为“朝玉、贡果、大栋、魁元”四个品级。以我个人偏见，家乡观念起重要作用，坚持食用长白山野生枸杞。每次熬粥放一些，喝茶泡几粒。

春天吃鲜香的枸杞头，感觉把半个春天都吃到了身体里。“春天吃枸杞头，可以清火，如北方人吃苣荬菜一样。”这是汪曾祺在《故乡的食物》中的说法。

清明，吃枸杞头的时节，枸杞头鲜嫩，叶子碧绿，好像能沁出汁水来，有点清苦。过清明以后，叶子老了，苦味愈重，就不是春三鲜了。

春天，枸杞头常见的吃法，就是清炒。《红楼梦》中宝钗、探春要吃“油盐炒枸杞芽儿”。嫩芽经油盐大火炒，清香爽口，在春天闹青菜荒时是难得的美味。凉拌也好吃，枸杞头水焯过，沥干后堆在盘中淋麻油，浇上各种作料。夹一块清拌枸杞头满口清香。

那个遥远的夏季，我住乡下时只有八岁，乡间雨水丰沛，浸润亘迭的山峦。雨季来临，孩子们不能四处撒欢儿，便憋在家里扒着窗子，向窗外望去，植物撒欢儿地生长。

苞米楼在院落一角，五六根碗口粗的柞树支撑底座。坐在苞米堆上，木栅栏把我和雨水相隔，透过缝隙，注视村边的溪水，它一路欢闹着穿绕于草丛间。在苞米楼漫不经心地听雨，着实难忘。

雨中的枸杞在枝头显眼。姥爷家的园子外边有几棵枸杞，结满红色的果子，枝头都压弯了。秋天打下果子，晒干后卖药材收购站。我经常摘几颗放嘴里，果汁渗出来，甜中带点微苦。

我国历代医学家、养生家重视枸杞。东晋的葛洪活了八十岁，受道家炼丹术的影响，总结出益气养生的良药，茯苓、地黄、枸杞、远志。孙思邈的长寿之法，“闲暇之时，自种枸杞、百合、甘菊等”。沈括在《梦溪笔谈》中记载：“枸杞，陕西极边生者，高丈余，甘美异于他处者。”

《诗经》中多篇提到枸杞。《小雅·南山有台》云：“南山有杞，北山有李。乐只君子，民之父母。乐只君子，德音不已。”不过二十四个字，但内涵丰富，它是宴饮的祝寿诗。枸杞，吉祥树，表达古时百姓渴望君王拥有美好品德，让人们更好地生活。古人认为常食枸杞，容颜不老，枸杞花也被称为长生花，枝条被称为仙人杖、西王母杖。

枸杞，我国民俗文化中八大吉祥植物之一，杞菊延年吉祥图，由枸杞、菊花构成。《太平广记》：“菊能轻身益气令人久寿有征。”陆龟蒙《杞菊赋》序中写道：“天随子宅荒少墙，屋多隙地，著图书所，前后皆树以杞菊。春苗恣肥，日得以采撷之，以供左右杯案。及夏五月，枝叶老硬，气味苦涩，旦暮犹责儿童辈拾掇不已。”当年苏东坡在密州当太守，赶上旱灾和蝗灾，和好友在郊野采摘枸杞芽和菊花苗儿，吃饱相对“扪腹而笑”。身处苦境不以为苦，苦中作乐，“吾方以杞为粮，以菊为糗。春食苗，夏食叶，秋食花实而冬食根，庶几乎西河南阳之寿”。因为陆龟蒙的《杞菊赋》在前，故苏东坡把所写的杞菊赋命名为《后杞菊赋》。

李时珍《本草纲目》中说：“枸杞，二树名。此物棘如枸之刺，茎如杞之条，故兼名之。”李时珍不费笔墨，说明枸杞的得名背景。顾仲《养小录》，“焯拌宜姜汁、酱油、微醋。亦可煮粥。冬食子。”枸杞头食法多种多样，炒鸡蛋，煮粥，生煸，凉拌。

当代作家汪曾祺，也是美食家，关于枸杞头，他写过一段经历：“卖枸杞头的多是附近村的女孩子，声音很脆，‘卖枸杞头来！’枸杞头放在一个竹篮子里，一种长圆形的竹篮，叫做元宝篮子。枸杞头带着雨水，女孩子的声音也带着雨水。”这段白描，可见汪曾祺的功力，对生活观察细致。

丁香花为谁开

暴马丁香，单叶对生，白色花，气味芳香，嫩叶和花可制茶。

二〇一八年四月，我和高淳海游颐和园，走下万寿山时，一片开满白花的树林，冲进视野中。花朵缀满树枝，白火焰般燃烧。

站在半山腰中，望着阳光下满树的白花，好像无数花瓣发出清亮的歌声，形成宏大的交响曲。我想触摸蝉翼般的花瓣。空气中，花香越来越浓，这个时候还没有弄清花的名字。从身后走过来一对老夫妻，听口音不是北京人，从外地来的游客。老先生戴着牛仔帽，背着大保温瓶，他对老伴说，丁香花开得漂亮，天女下凡一般。从对话中，我们捕捉到了信息，才知道这就是丁香花。

小时候就听大人说过丁香花，我家的暴马子（暴马子丁香）茶叶桶，上面有画，一条溪水，几块山石，简朴的画面，勾画山野情调。父亲说暴马子是丁香树，属亚乔木，可以入药，其叶提神健脑，舒筋活血，拿它泡水，气味独特。

二○一三年八月，清晨的时候，敦化当地的民俗家高景森，来到酒店的房间，一阵寒暄过后，坐在窗前享受晨光。他对当地人文历史了如指掌，向我介绍六顶山地理环境，他做了大量的田野调查，言语中流露出对家乡土地的爱。我们谈起山中植物，特意问到暴马子茶叶，现在还在生产吗？他说暴马子是宝树，不仅是中药，也是泡水喝的好东西。他老父亲七十多岁，一年四季都用暴马子芽泡水。

我们由北宫门进入颐和园，这里是后门，走进去不远，过了苏州街，开始爬万寿山。站在制高点上视野开阔，能望出去很远。

万寿山原名叫翁山，传说中有老人在山麓挖出石翁，后来以此取名翁山。明朝嘉靖年间，石翁遗失了，但这个名字流传了下来。清乾隆十六年（公元 1751 年），这一年是乾隆母亲钮祜禄氏孝圣皇太后六十岁生日，乾隆为了表示孝心，将翁山改为万寿山。高淳海曾经来过颐和园，一路上介绍园中景物，以及历史上发生的事情。

从万寿山下来，走到一个丁字路口，便可以环昆明湖行走，就在这时，这片丁香，霸气地映满眼目，让我心动。

丁香花未开时，其花蕾密布枝头，称丁香结。唐宋以来，诗人以丁香花含苞不放，比喻愁思郁结，难以排解，用来写夫妻、情人或友人间深重的离愁别恨。唐代诗人李商隐曰："芭蕉不展丁香结，同向春风各自愁。"借芭蕉和丁香结，表达思念之情。

父亲八十年初，创作长篇小说《浮云》，写的是牡丹江左岸有个丁香沟。那里有一座很大的庙，供奉的关帝圣铁佛寺，耸立在村北高坡上。庄严的门楼，高大的神殿，金碧辉煌，宽敞的庭院深邃肃穆，参天松树，枝影扶疏。东侧有一排禅房，雕梁画栋，西侧为一排对称而建的静斋。前进院，左右两个角楼，一厢晨钟，一厢暮鼓。庙门脸儿上，有三个大字：关帝庙。这是关东第一大才子成多禄氏的字，一位博学老先生，考证出村名的来历，是出自南唐李璟的“青鸟不传云外信，丁香空结雨中愁”。从那个时候，对丁香留下深刻的印象，只要提到丁香，就会想起小说中的丁香沟。

在唐宋时期，丁香广泛栽培，其清鲜的气味给人爽朗的感觉外，也是爱情与幸福的象征。文人墨客借丁香抒发个人情感。

南宋诗人王十朋，称丁香“结愁千绪，似忆江南主”。通过对丁香的描写，表现挥之不去的痛苦缠绕心间，他在春雨中愁绪满怀，怀念江南故土。

丁香花，爱情的象征，云南傣族，每逢春天万物复苏时，都要举行传统采花节。男女青年穿着节日盛装，上山采摘丁香花送给恋人，以花喻示相爱一生，永不分离。

宣武门外教子胡同南端东侧的法源寺，寺中丁香美好的名声京城皆知，共三百多株，白丁香居多。据说有明朝郑和下西洋从南洋马鲁古群岛带回来的品种，叶片、花瓣和香气独特。每年花盛开，举行丁香诗会。一九二四年四月，印度诗人泰戈尔访华，新月派代表诗人徐志摩，陪同去法源寺赏丁香花。

丁香花为谁开不重要了，我站在树下望着满树白花，空气中弥漫花香，吸一口清新爽朗。触摸花的叶瓣，担心皮肤与嫩花瓣相遇，破坏天然的美。我近距离观察每一朵花，用情感的文字描述花的容颜，保存于记忆中。

我蹲下身子，注视着地上的花瓣，离开树的母体，它没有营养的供给，不久生命将会枯萎。灿烂的时光，对于它是短暂的，却留在相遇人的心中，这是疼痛的记忆。

我站在一棵丁香树下，高淳海为我拍照，这是为了回忆纪念。他从不同角度拍下丁香树，记录它一生中的辉煌时光。也许一夜狂风骤雨，明天再来，它已失去今天的美好形象。

颐和园门票带回书房，当作书签。每一次读书看到它时，眼前便出现一树丁香花，燎起漫天白焰，想起远去的日子。

西葫青青

山东叫西葫芦，东北老家称角瓜。我改不了习惯，每次顺口问角瓜多少钱一斤。当地摊贩听不懂，只得改口。

买回西葫芦，为了省事大多清炒。嫩瓜竖着切开，瓤不用刮，切成片状。冷锅热油，丢进葱花爆香，放入西葫芦片。

上午写作累了，从早市买的西葫芦擦丝，用盐杀出水分，切碎成馅，炒几个鸡蛋，撒一把沾化虾皮，作料调味。中午包西葫芦素馅水饺。

西葫芦不是本土产物，但深受百姓喜爱，成为家常菜。它可以做多种美食，西葫芦水煎包，清炒西葫芦，西葫芦炒油条，西葫芦水饺。老北京人吃西葫芦讲究，吃面食没有腻味的时候。老北京吃饺子式样多，水饺儿、煎饺儿、蒸烫面饺儿和锅贴儿。

西葫芦羊肉馅、猪肉茴香馅、白菜猪肉馅、猪肉韭菜馅，馅料众多。

我从北京朋友那学会凉拌西葫芦，西葫芦、小米椒、小葱洗净，西葫芦擦成粗丝。西葫芦丝装盘，撒小葱和小米椒，料汁淋在上面，鲜嫩爽脆。

我喜欢西葫芦素水饺，有一股清香，加肉掩盖菜的香味，有些油腻。

核桃大树古风悠

一

长白山自然环境中，野生山核桃树，又名核桃树、锹子树。李时珍《本草纲目》记述核桃仁：“补气养血，润燥化痰，益命门，处三焦，温肺润肠，治虚寒喘咳，腰脚重疼，心腹疝痛，血痢肠风。”中医认为核桃仁性温、味甘，果仁中含有蛋白质，及多种矿物元素。

山核桃生长在野山野地，漫着清香和灵气，有山的味道。姥姥家在长白山区，山环山，山套山，小镇只有一条天老公路通往外界。居民的房子建在半山腰，吃水到下坎挑，青石铺的台阶通向井沿。井深幽静，井壁石块构筑，攀有苔藓，天热俯在井口，清凉的水湿气扑在脸上。到了冬天，每天挑水的人蹚出雪路，挥动镩子，拓开水面上结的冰。家中水缸中浮着碎冰，捞出一块，坐在热炕头上吃冰。山里的生活寂寞，到了秋天小镇变得热闹，金色是秋天的形象代言人。天气晴朗，大雁鸣叫，排着齐整的队伍，不畏艰辛向南方飞去。进山收秋的人多了，采山菜，打松塔，收核桃，这是收获的季节，预告冬天快要来到了。有一次采山，随三舅收核桃，背上麻袋，带上干粮，走了半晌的山路，筋疲力尽到了六道沟。望着一片核桃树，我不知道怎么把核桃弄下来。树高皮滑不敢爬上去，三舅用竿子打落核桃，我一个个捡到口袋中。冬天围坐在火盆旁，有一首歌谣是和太姥姥学会的，随着起伏的韵律，存在记忆中：

拉大锯扯大锯

姥姥家门前唱大戏

接姑娘

唤女婿

小外甥也要去

下雪的日子，山野披上素洁大氅，清冷空气中，把山的形状勾勒出来。炕烧得烫人，小花猫趴在炕头不睁眼睛，我和太姥姥坐在火盆边。太姥姥是勤劳的人，一年到头闲不住，一家人的饭，洗的衣裳，都要她做。柞木烧的炭火表面浮着白灰，下面的火炭强劲十足。太姥姥那旧式人物形象的缩影，斜襟青布大褂，圆口布鞋，头上盘抓髻，插铜簪。太姥姥用小笸箩端来核桃，核桃尖插向炭火中，听得一声响，核桃“咧”开嘴。刀顺着缝一别，核桃一分为二,一股热气升起，香味散溢。太姥姥从头上抽出铜簪轻挑，熟核桃仁跳出来。

我听太姥姥唱歌谣，听了不知多少回。太姥姥抽烟，不抽买的烟卷，烟叶喷得潮湿，一层层叠好，用剪子剪成丝。太姥姥装烟的木头匣子，跟随她多年，拖来拽去木质磨得光滑。太姥姥卷烟，我在一旁吃剥出的核桃仁。

长白山区的山核桃，与南方核桃外观形象，差异较大，外壳皮厚，质地坚硬。九月份是打山核桃的最佳时节，有一次和三舅去沟里，背着小麻袋，带上中午饭，走了很远的路，去打核桃。东北山核桃属落叶乔木，高达三米至五米，熟的核桃掉落，树周围可拣许多的核桃。

二

整块大料厚实，雕工出一个平盘子，造型古典，外面有不规则的阴阳槽纹。盘子中间为一个约有五厘米深的碗状容器，碗边沿雕出波浪形。

二〇一九年六月三十日，我给长春文友纪洪平打电话，请他帮助找人打听盘子的历史。他既是作家，也是收藏家，自己有不少藏品。微信发照片给纪洪平，他也不认识，发给收藏家高笠鑫。下午纪洪平来信息，高笠鑫见过此物，告知是核桃臼子，有石头的，也有木质的。高笠鑫在二十世纪九十年代初，读过资料记载石核桃臼子，在一个古村子遗址中发现。二十世纪八十年代，他出差的时候，有一次去河北保定，逛市场遇见石核桃臼子，配有木头锤子。那时高笠鑫还没搞收藏，偶遇石核桃臼子，觉得和自己没什么关系，摊主说当地话，怕对方不明白，便做了个捣的动作。

高笠鑫从他的体态语弄清楚这个老物件用处。后来在陕西遇上木核桃臼子，硬杂木制品，和这个形式差不多，只是大小不同。

核桃放进碗状容器中，木捣横砸，再竖砸。力度把握好，核桃裂开，扒脱的壳扔到盘子里，取出完整无损的果仁。

高笠鑫去的地方是核桃产地，当时通信不发达，对外不通电话。家家都种核桃，而且是当地主要农副产品。往外销售时，有的地方做点心用，需要核桃仁儿。

过去人们吃核桃的工具，现在知道的人不多了。

纪洪平发来高笠鑫的文字，由此解开木盘的谜，终于知道它的真名。我望着书橱中的核桃臼子，木捣的捣面，长期锤打成为凹形，木柄因和手接触已磨得光滑。拿起木捣，想象过去它的主人，身边堆放着核桃。核桃在捣击下，脱掉硬壳，便露出果仁。老木器是旧日生活的日常用品，保持老旧姿态。

三

满族人使用的草药，源于长白山区的野生动植物。长白山野生山核桃油，以传统压榨方法而成，保留山核桃果仁原生态营养。中医认为核桃油有一定补脑健脑和润肤乌发的作用。中老年人经常服用，有补气养血、强壮筋骨的作用。

核桃在国人手中，有了另一种用途，人们亲切地称之为“文玩”，又称作揉核桃、团核桃、耍核桃，诸多叫法。山核桃拿来揉手，始自明朝。当时宫廷琴师为了锻炼，保持手指灵活性，没有想到经过长时间摩挲，核桃纹路发生变化，绛红圆润，包浆光泽细腻，被宫中人们喜爱，随后传到民间。我国独有核桃文化，吴学良说核桃：“‘核’与‘合’‘和’谐音，取合顺、和睦、和谐之意，‘桃’谐音‘逃’，有逃脱、趋吉避凶之意。‘核桃’寓意顺心如意，家庭和睦，趋吉避凶，多福少灾。”核桃在民俗中本有吉祥的寓意，老百姓容易接受，把玩的人多起来，流行成为一种文化。天启皇帝朱由校核桃不离手。时至清末，把玩核桃之风盛行，当时民谣曰：“核桃不离手，能活八十九，超过乾隆爷，阎王叫不走。”

青鸟衔葡萄

今天白露节气，经过夏季酷热，秋意渐浓。天空云淡薄，气爽风凉，昼夜温差较大，夜间感到凉意。元代理学家吴澄据《月令七十二候集解》诠释："水土湿气凝而为露，秋属金，金色白，白者露之色，而气始寒也。"

民间有"春茶苦，夏茶涩，要喝茶，秋白露"之说，按民间说法，泡一杯绿茶。段义孚认为："对一个地方生动或逼真的描述，也许就是人文主义地理学的最高成就。"段义孚讲述人与地理环境情感联系的复杂性。

电话铃声响起，快递小哥通知来了快递。下楼时快递小哥来到楼道口，捧着一个纸箱子。回到家中打开箱，看到老家朋友寄来的通化野生葡萄酒。

长白山野生山葡萄，葡萄皮厚，果粒小，糖浓度低，酸度高。山葡萄在东北长白山密林中生长，无污染的生态环境，为山葡萄生长提供优越条件。

二十世纪八十年代，有一次回东北探亲，拜访我父亲的朋友高明，高级工程师，对长白山区植物颇有研究。我去时吃过晚饭，两人多年没有见面，聊得非常高兴。他拿出铝饭盒，打开盖子，酒香味散发出来。他找来玻璃杯，倒出自酿的葡萄酒让我品尝，二十多岁气盛，当时酒量大，对于这么点酒不在乎。一边唠嗑，一边喝葡萄酒，长白山野生葡萄酒，味道醇正，喝起来甜酸。时间不早，告别父亲的朋友，走在夜的街头。冬天寒风一吹，酒劲上头，走出不过一里多地，前面是冰封雪盖的布尔哈通河。

长白山区居民，有自酿山葡萄做酒习惯。每到秋天山葡萄熟了，自酿山葡萄酒，春节期间用来招待客人。

我扭开瓶盖，葡萄酒香味漾出，倒一酒杯，小口轻抿，香气溢满口中。白露时分喝茶，喝长白山野生葡萄酒。

多年前坐吉普车，在五凤屯旁岔路口爬上进山路。透过车窗望着山野，如同木刻的版画，线条粗犷。山路是简易土路，路面不宽，印着辙印，呈S形地沿山绕行。路旁的树木大多是松树林，映入眼中的是林木和亘迭山冈。山中静寂空旷，不是旅游胜地，平时无人来访。往山里走，车与山，山与车,融会于一起。手扶拖拉机拉着稻草，在前面晃晃悠悠，草堆上露出戴红头巾的脑袋。

第一次和姥爷来，还没走过这条路，翻山过岭走了好长时间。我气喘吁吁地站在山顶，俯视山下，符岩屯飘着炊烟，我无力气走下去。路边有一片野生山葡萄，姥爷说歇一会儿，吃点葡萄，恢复一下体力。眼前的葡萄枝叶茂密，山葡萄粒小，紫黑色，一串串挂在秧藤上。随手摘下一粒送进嘴里，漫出甜酸的香。

吉普车在山路行驶，回想着童年背着书包，跟着姥爷走完山路。路高低不平，随车起伏悬起又落下，屯子包裹于群山中。在山坳中的屯子里，曾度过人生中的美好时光。暑假来这里，在那儿我结识了小伙伴和大黑狗，漫山遍野撒欢儿。大雨过后，湿润的空气驱散暑热，天气凉爽了，山冈的树木和草被洗得鲜绿。

姥爷家在屯头溪水边，柞木障子，被攀伏的豆角秧遮掩，一片向日葵，围绕孤独的土屋。二十世纪七十年代山区没通电，夜晚依赖煤油灯。我躺在炕上，透过敞开的窗子，望着夜空，听风送来虫鸣、溪水的流淌声。那个清晨我背着书包，拎着旅行袋中昨天摘的野葡萄，坐着花轱辘牛车离开屯子。牛车过了屯前小溪，水中碾出两道辙痕，牛脖子上的铃儿，发出清脆的叮咚声，在静谧的山路上响起。时隔三十年，符岩屯在我生命中却越来越重要。

二〇一九年九月十日，我来到敦化市东北部，住在老白山雪村。推开宾馆窗子，有一条公路，对面山坡长着一片野葡萄。尽管过了采葡萄的季节，枝头残存许多。我摘一些回宾馆，吃一粒满嘴酸甜。

葡萄酒散发香气，引起无尽思念。

蘸酱菜的灵魂

二〇一五年十二月二十七日，父母从济南来到北碚，我和高淳海策划接风宴。想在老火锅店接待老人，让火辣的美食代表心情。可是节外生枝，老人提出吃东北菜，出乎想象。

缙云步行街右侧，有一家东北人开的饺子馆。店里所有员工都是东北人。走进餐店，听到有亲切感的东北话，听到家乡话，如同喝高粱酒。父亲要了“干豆腐卷大葱”，一听菜名，宛如盘腿坐在炕头，吃着可口的蘸酱菜。东北菜里有“小葱拌豆腐”“干豆腐卷大葱”。尤其酱起到穿针引线的作用，如果缺少它，换作别的作料，那么蘸酱菜会失去灵魂。

自春天大地复苏，园子里的小白菜、小葱、生菜、菠菜，野地中的荠菜、蕨菜、刺老芽、婆婆丁、小根菜、猫爪子，悄悄长出。夏天，食材丰富的时节，水萝卜、生菜、香菜、青蒜、小葱、黄瓜、辣椒上桌。冬天大雪纷飞，吃酸菜火锅，桌上要放酱油、韭菜花、蒜酱、腐乳配制的作料。

荠菜名气大，古代诗文中经常写到。宋代文豪苏东坡的《春菜》中说：“烂蒸香荠白鱼肥，碎点青蒿凉饼滑。”

在乌拉街一带，流传关于婆婆丁的儿歌：

婆婆丁，水凌凌。

骑红马，戴红缨。

……

婆婆丁，又名蒲公英，属菊科多年生草本植物。头状花序，种子上有白色茸球，开花以后随风飘播，孕育新的生命。婆婆丁可生吃、炒食、做汤、炝拌。茎叶洗净，蘸酱略有苦味，鲜美清香。

吃什么蘸酱菜都离不开酱，所谓“小葱蘸大酱”，也是最基本的吃法。抓一棵小葱，蘸上大酱，酱香伴着小葱的清新，漫着一股辛辣，从口腔发散到身体中。

蘸酱分生和熟两种。熟酱，烹炸的各种口味酱，有鸡蛋酱、辣椒酱、茄子酱、土豆酱、豆腐酱，还有炸肉酱、鱼子酱。生酱就是原汁原味，不经过油炸，买回来装碟食用。

夏天山里的黄昏，日头落在山冈尽情渲染。归林鸟儿天空疾飞，呼唤伴侣归家。河沿流水欢畅，天际色彩。

在院子里吃晚饭，摆上方桌，端上野菜和摘的鲜菜，笼一丛蚊烟。我和舅舅们在河沿玩够了，回家时，弄一捆艾草笼蚊烟。等碎柈子烧旺，湿艾草散在火堆上，压住火焰。热和冷纠缠在一起，憋闷半天，青烟雾一般生起。空气中烟味浓，蚊子惧怕清香的蚊烟，远远逃离开，我们在这样的环境中，放心地吃饭。

晚饭清淡，苞米楂大豆粥，要不就是二米子粥。苞米楂子不容易烂，费很多时间。煮时多放水，放一点碱面，喝起来黏糊的口感好。炸得的鸡蛋酱、辣椒油，一笸箩青菜，饭桌上的家常便菜。笸箩里的青菜，来源于河边和山坡生长的野菜，什么柳蒿芽、水芹菜、小根蒜。从野地采来的菜，在流动的河水中洗净，拿回家直接上桌。野菜不用热水焯，清香爽口，很多人享受不了这一口，野性味重。另一些从园子里摘的小葱、黄瓜、生菜、香菜、水萝卜、小白菜。菜叶让水淋得水灵灵的，展开生菜叶放香菜，和小葱蘸酱卷在一起。咬一口，喝口楂子粥，吃得汗流浃背。姥爷照例喝一壶酒，倒在酒盅里，再就一口黄瓜蘸酱，自斟自饮，其乐无穷。

我每次回老家，每顿饭都上蘸酱菜，拿起新鲜的野菜，蘸一下大酱，在远方思乡的情绪，消失得不见踪影。

操着东北话的男服务生，端着父亲点的“干豆腐卷大葱”。盘中切细的大葱丝、红萝卜丝、黄瓜丝，一摞干豆腐，配炸好的鸡蛋酱。我从父亲的神色中看出，他对家乡的蘸酱菜偏爱。他出生在松花江东岸的乌拉街，一座历史名城，海西女真扈伦四部首领纳齐布禄，在这里建立乌拉国。他的外祖父家住在原乌拉国内卫城外，从院子里看到城墙上的树林，听到暮鼓晨钟。父亲的老家住在新城东三条街，松花江从城西向北流去，往西有一渡口，叫西江沿。

父亲回忆说，春天时节，那里的沟沟岔岔，长满薇菜、蕨菜、苣荬菜、小根蒜、灰菜、苋菜、和尚头、四叶菜、迷果芹、小萱草、黄瓜香、山芹菜、刺老芽、山生菜，往山上走一步，就会采一桦皮背篓。在江边洗净，回到家做蘸酱菜。我从父亲眼中读出蘸酱菜，引回到过去的日子。

此物最相思

东北红豆杉，又名紫杉，生长缓慢，国家一级保护植物，具有抗癌药用功能和观赏价值。红豆杉，第四纪冰川遗留的古老孑遗树种，浅根植物，在自然条件下生长缓慢，再生能力差，是天然珍稀树种。

二〇一七年十月，我在守山人陪同下，进入七号沟，在这里认识野胡椒、野芝麻、牛蒡、红豆杉、赤柏松，红豆杉的果实，仿佛微型算盘珠。他持拨弄棍在草丛中拨来拨去，有时敲击树干。走进密林不远处，他建议不往里走了，这里是长白山脉老爷岭的原始森林，近几年出现野猪群和黑瞎子，还有东北虎出没。他摘了几粒红豆杉果实放进我手中，说这可是天然珍品，现在不允许采摘，实行重点保护。过去人们采回家中，老人泡水代茶喝。

红豆杉树姿优美，树干紫红通直，种子成熟时呈红色，皮鲜艳夺目。

二〇〇九年十月，国庆节假期后，文强从青岛老家回来，晚上来时送我几本书，其中有亨利·大卫·梭罗的《野果》。那个时期，我疯狂迷恋梭罗的文字，搜集每一本书。《野果》中，有一则红豆杉。“我只在康科德的一处见到过这种有趣的小灌木。它很少结果，头一年生长的杉树上，在距树尖处四到五英寸的树枝上零星结着几颗。这些小果子看上去简直不像天然的，就像蜡制的一样，是所有浆果中最令人看了惊叹的一种。”一八六二年五月六日清晨时，亨利·大卫·梭罗逝世于缅因街母亲家中。结核病在当时是不治之症，他因患此病身亡，时年四十四岁。他留下许多手稿，其中有一百多年后出版的《野果》。

一八五九年，梭罗开始写《野果》。一八五零年，夏季时节，梭罗搬进父母刚装修过的顶层小阁楼，和家人住在一起。每天写作阅读之外，他进行长时间的散步，不仅锻炼身体，保持健康，也有了思考和观察的过程。五年间创作了两本书，《康科德与梅里马克河的一周时光》和《瓦尔登湖》。从这时开始，梭罗对植物学产生了兴趣。

梭罗关于散步说道：“我在心底认为，如果哪一天，我没有用四个小时的时间（经常都是超过四小时的）去体验翻山越岭、亲近自然、在林间溪边穿行，那么我就会生病，身体上和心灵上。你可以肯定我的想法，说它千金难买，你也可以将它贬低得一文不值。”散步时，梭罗带一本介绍植物的书，随时查阅。

一八五一年，梭罗兴趣转向自然科学，大量读自然史的著作。他买了笔记本，做读书笔记，记录近十年观察笔记，为《野果》创作，准备了丰富材料。

一九九六年，我托朋友从北京邮寄三联书店版的《梭罗集》，从此只要遇上梭罗的作品，都要收藏。我书橱中有二十多本他的著作，《野果》是其中的一本。

微信朋友圈中看到文友行走在长白山中，搜集创作素材，做田野调查。他发出一张红豆杉的照片，离我去看红豆杉的地点不远。我从移动硬盘中找出几年前拍的红豆杉，回忆思念起那个日子。照片让人有了行动的念头，这几天准备，九月去长白山看红豆杉，感受秋天红叶尽染的季节。

宝塔近瞻涌几重

松子有个性，又叫松子仁、海松子、新罗松子。棕褐色，三角形状，坚实的硬壳，壳内是白色种仁。每年秋天松树冠上结球形果，其外层呈鳞片状，中间包裹一粒粒种子。

满族祭祀陵寝和供奉九祖佛堂，有用松子的习俗。“今恭遇寿皇殿，安佑宫渌供，高亲纯皇帝圣容位前，每逢朔望，各供干果九大碗，内应用松仁。”《打牲乌拉志典全书》一书中记载，可见清代宫廷对山野之果的重视。

乾隆四十三年（1778 年），乾隆皇帝第三次东巡，曾写下《盛京土产杂咏》十二首，并赋有《松子》一诗：

窝集林多各种松，中生果者亦稀逢。

大云遥望铺一色，宝塔近瞻涌几重。

鳞砌蚌含形磊落，三棱五粒味甘浓。

……

二〇一五年十月，我在沈阳北方图书城新书签售，抽出时间去沈阳故宫游览。十几年前来过，那时对历史了解不深刻。

沈阳故宫院内，进入大清门沿御路北行，正面就是崇政殿。它有两种柱子，廊柱是方形，殿柱为圆柱形。一条龙连接两柱间，龙头威严地探出檐外，龙尾伸入殿内。在殿内的四根金柱，为沥粉贴金的金龙蟠柱。

乾隆八年（1743年），乾隆首次东巡，参加庆典的满蒙王公大臣、盛京官员和朝鲜使臣，事先在崇政殿前按品级排列。所有程序准备好，诏书置于崇政殿，时间一到请出，交给礼部官员放入云盘内。小心地捧出大清门，在放到“龙亭”，移交校尉护送到大政殿前。礼部堂官将诏书接过，恭敬捧出，放在殿前黄案上。早已恭候阶下，按序排列王公大臣官员，听鸣赞官宣布“有谕旨”，官员立即面北跪倒。

中和韶乐奏《元平之章》，君臣盛大宴会开始。皇帝在大政殿升座，参加宴请的大臣行礼，然后按秩序分别入座。在饮宴期间歌舞为宴会助兴，演奏乾隆皇帝填词的《世德舞》乐曲，增加欢乐的气氛。

宴会的食品名称中记载，皇帝主桌“松仁一斤八两”，跟桌“松仁一斤”，松子由吉林打牲乌拉总管衙门进贡。近日读《吉林乌拉皇贡》《乌拉史略》《清帝东巡》，走进远去的年代，书中都谈到松子。

在宣统元年绘制的《打牲乌拉捕贡山界全图》，清晰标注，打牲乌拉衙门打松子“最要之区，是为三大阿、埋汰顶子，大小青顶子、梨树沟、蔡家沟、老黑沟、东西土山、火烧顶子，万寿、霍伦岭、平底沟、土大顶子、大王砬子、三岔山、三岔岭、柳树河子，四古顶子等处”。每年打捕大量的松子，作为贡品送往京城。乾隆十九年前，采捕松子的办法十分落后，甚至是毁灭性破坏。打牲丁放倒一棵棵松树，然后采捕松塔，采过的地方变成一片空荒地。乾隆皇帝知道后，曾经明令禁止这种恶劣采捕，嘉庆元年又一次下令重申：“朕闻东三省每年所取松子、松塔，非将松树伐倒不能采取，若如此，竟将大树伐倒，不惟愈伐愈稀，尚与情理不合，实属可悯。将此著东三省将军总管，嗣后无论旗民采捕松子、蜂蜜，务须设法上树，由枝取下，不准乱行伐树。”从此以后，人们使用长杆，或在杆上绑镰刀，爬树时在腰部围上羊皮，或穿羊皮衩裤和套袖，没有人再用放倒树取果子的原始方法了。

红松生长缓慢，几十年才能结果，一两百年长成材，它是长寿的象征。红松树王，生长在黑龙江省伊春市五营区的丰林自然保护区，树高三十八米，胸径一点七米，树龄大约有七百六十年。它是欧亚大陆北温带植物界古老的活化石。

红松子含油率高，富含蛋白质，具有丰富的维生素。自古以降，被称为长生果、长寿果。明朝李时珍关注松子的药用价值，他在《本草纲目》中写道：“海松子，释名新罗松子，气味甘小无毒；主治骨节风，……散水气、润五脏、逐风痹寒气，虚羸少气补不足，肥五脏，散诸风，湿肠胃，久服身轻，延年不老。”

白露前后时节，采摘松子的最佳时期。进入成熟期的松子，不及时收采，掉落到地上。碰上灵巧的松鼠，俐齿剥落出松仁，搬移到树洞贮备起来，在严寒冬天，成为果腹的美食。老人们常讲，松子是松鼠和松鸦的口粮，由于它的外壳硬，即使埋在土里几年，也不会发芽。当它们意外地让松鼠或松鸦嗑坏，接受土壤的培养，在阳光的照射下发出新芽，形成大自然的秩序，维系着物种间天然平衡。红松林少不了松鼠和松鸦的功劳，松子是生存的根本，森林和动物在大地上和谐相处，形成巨大的生物链。

秋天，收获的季节，红松枝头挂满果实。大一些的松塔，能剥出三两多松子。遇到好年景，一棵大松树上，就能采摘上几百个。松子有两种加工方法，热油炒松子，吃起来喷香，外壳色泽变得油亮。热锅干炒松子，高温逼出原生味道，不同的炒法，味道不一样。

小时候去姥姥家，外面大雪封门，铺天盖地的大雪，山野一片银白。不能出门玩，只好待在家中。姥姥拿出一笸箩松子，让我和舅舅们嗑，免得在屋子里乱折腾。松子没有炒熟，拿起几粒后，手指粘上松脂味。松子壳硬牙咬不开，只好用钳子，将一粒松子放入钳嘴，夹时不能用力过度。握钳柄适力，否则壳和松仁压得粉碎，它们纠缠在一起。有的松子壳上沾着松油，拿起粘在手上。

山区流传着一句顺口溜："十斤松塔一斤子，十斤汗水一颗塔。"在炕上的火盆边，听舅舅讲进山打松塔的过程，他说七道沟的松林密，遇到大年，用不了多长时间，就能弄一麻袋。松树直径粗，需要身体条件好，会爬树，不晕高，人们穿上"脚扎子"，自制爬树土工具，犹如登山鞋，一寸来长的钢钉扎在树上，一步步向上攀。小孩子身体轻，不想后果，全凭力气爬树。三舅身材瘦小，浑身是力气，他胆子大，有丰富的山野经验。

二〇一三年，秋日一天，我和友人走进偏僻的山屯。在守山人陪同下，看到一片阔大的红松林。

在屯子边的空地上，我们看到一片堆积的松塔，拴着铁链子的黑狗，警觉地注视，守护新打的松塔。松塔主人包了四十垧林场的山地，今天恰逢大年，是松塔丰收年。他燃起一丛篝火，扔进新打的松塔。火遇翠绿的松塔，散发的烟气中，弥漫出浓郁松脂味道。从火堆里拨出松塔，找一块石头砸开，掉出

香喷喷的松子。

松子除了做平常的零食，还能做出许多菜肴和糕点。比如，具有特色的松仁鸡，土鸡一只，开水烫过后，剥下鸡皮，取鸡脯肉，另取一些松仁。食材拌均匀，剁成肉泥摊铺在鸡皮上，然后裹好鸡皮，入冷油热锅中略炸至皮金黄。沥尽油入碗，上屉蒸熟，即可上桌食用。此菜肴风味独特，鸡肉中散发松仁清香，口感香而不腻。

坚果中的贵族

写了几个月的书稿，书房弄得乱糟糟的，整理书时，看到二〇一一年十月，参加“诸暨森林旅游节”，当地作家送的《千柱屋》，书中有一幅千年香榧古树。

我去游览千柱屋，沿上林溪走过，看到过这棵千年香榧古树。香榧是营养丰富的坚果，被誉为“坚果中的贵族”，南宋时期成为贡品。诸暨早在两千多年前，就有“西施巧计破壳尝香榧”的传说。“西施小时候，与邻里姐妹们一起去城里玩耍，她们走进一家店铺，见店里山货琳琅满目，干果堆插着招牌，上面写着香榧两字。其中一个小姑娘问店主，多少钱一两，店主一看她们是小姑娘，知道指尖嫩，力气单薄，便开玩笑道：‘你们谁能用两个手指头揿破香榧壳，就随你们吃，不要钱！’姑娘们听了，使劲地按香榧壳。西施发现香榧头上两个白点，好似两只眼睛，用拇指和食指一捏，壳裂开一条缝。香榧壳上的两个点是代谢孔，是生长的中缝。捏住眼睛，中缝自然裂开了。”

二〇一一年十月十五日，参加“诸暨森林旅游节”来到了这座城市。我住的酒店在浣纱江边，清晨拉开窗帘，窗外挤满江色，打开窗子，让秋风淌进来，送来新一天的气息。看着桥上奔跑的汽车、江中流动的江水，江水和太阳一样，每天都是新的。诸暨是於越文化发祥地之一，在这片土地上，有着众多古代文化遗址。出土的大量文物表明，远在新石器时代，就有古越先民在此生活，养育一代代人。面对一条古老的江水，我想了解更多的诸暨，去看西施故居。

诸暨，有东白山、杭坞山、勾嵊山、秦皇刻石山等诸多文化积淀深厚的山脉，还有千年香榧林、华东楠木群、五泄山水、十里梅园的独特森林景观。诸暨，香榧的主产地，香榧已有一千三百多年的栽培历史，有五十平方公里的香榧森林公园。当地流传有关香榧的谚语：“香榧熟，衣食足。”谚语表达香榧在百姓心中的地位、对此依恋之情。

宋元丰七年（公元1084年）六月，苏东坡由黄州团练副使调任汝州团练副使，顺路送他的长子苏迈到饶州德兴县任县尉。苏东坡送给儿子一方砚台，上刻一段话："以此进道常若渴，以此求进常若惊，以此治财常思予，以此书狱常思生。"

苏东坡路过玉德古道怀玉山洋塘处，中途偶遇榧果。他拿出果子款待宾朋，众人赞美不绝，便作诗一首《送郑户曹赋席上果得榧子》：

彼美玉山果，粲为金盘实。

瘴雾脱蛮溪，清樽奉佳客。

客行何以赠，一语当加璧。

祝君如此果，德膏以自泽。

驱攘三彭仇，已我心腹疾。

愿君如此木，凛凛傲霜雪。

斫为君倚几，滑净不容削。

物微兴不浅，此赠毋轻掷。

怀玉山香榧外形长卵形，色泽淡黄，种仁饱满，含油脂丰富。陈藏器的《本草拾遗》中描述食香榧："彼与榧同，榧似杉，子如槟榔，食之肥美。"苏恭的《新修本草》记载："叶似杉，其木如柏，作松理，肌细软，堪为器用也。"汪昂的《本草备要》记录："香榧润肺，杀虫。"

相传，王羲之除了吟诗作对、饮酒赏鹅，还有一个爱好，食香榧，"王羲之定居会稽山阴时，常与朋友聚会喝酒。喝酒要有下酒料。王羲之喝酒，必须有香榧；只要有香榧，便不理其他的山珍海味。"

吴其浚实地调查过，在其《植物名实图考长编》中记述："余至玉山，遣人求之，果不可得，乃于浙境觅获之。"玉山指浙江东阳县，玉山镇和尚湖镇一带。 现在是香榧主产区，百年以上的香榧大树几千株。

在诸暨森林旅游节期间，走进香榧森林公园，看到千年香榧古树。会议结束时，会务组赠送与会者，每人两盒"枫桥香榧干果"。回到家中，吃着香榧干果，读那本《千柱屋》，对这种古老的果子，有了不一样的情感。

森林的耳朵

木耳，长白山地区的特产，家中常吃的食用菌，色泽黑褐，质地柔软。它与蘑菇不能媲美，没有蓬开的伞盖、线条流畅的菌柄，少了多彩的颜色。木耳之所以被称为“素中之王”，不是因为它的外表，而是其内在的丰富营养。木耳味道鲜美，中医认为，其味甘性平，有凉血和止血的作用。

小学最后一年的暑假，我去了符岩山区，在那个小屯子里度过了快乐的夏天。

这是北方的山村，四周青山环抱，一条溪水从村边绕行。平素很少有人光顾，可以来这里呼吸鲜洁的空气。逶迤的山路上，有时能看到一两辆牛车，缓缓地行进。牛脖子上挂坠的铃铛，发出悦耳的响声，传出很远。

有一天，窗外落着细雨，符岩山峰笼罩在雨雾中，空气中存满湿润。窗子结满水珠，我趴在窗台上向外观望。园子划着田畦，种有几样青菜，被雨水洗濯得碧翠。周围是用苕条扎成的障子，障子旁堆放着十几根柞木。雨中，姥爷戴着草帽，上面有一行红色大字，“为人民服务”，他蹲在木堆前忙碌着，雨密密地落下。

姥爷踩着泥泞的垄台，身后留下杂乱的脚印。雨水从房檐上滴落。他推门走进屋，摘掉头上的草帽，露出花白的头发，眼角的纹路犹如绵亘沟壑，记载着丰硕岁月。姥爷粗糙的手，端着金色的葫芦瓢，盛着黑牡丹似的木耳，上面正滚动着丰硕一颗颗水珠。我俯下脸饱吸一口气，嗅到了雨的清香。

姥爷来到这偏僻的山区，守护一群不谙人事的牛，符岩山的沟沟坎坎留有他的足迹。蓝天、青山、溪水伴他度过二十余年。那段时光是他人生中最为珍贵的。在那个雨天，我吃到了新摘的木耳做的木耳炒鸡蛋。姥爷给我讲关于木耳的知识。春耳有光泽，朵大肉厚有弹性。伏耳是小暑到立秋前采摘，底面灰褐色，朵形完整，无泥沙、虫蛀。立秋以后采摘的为秋耳，色泽暗褐，朵形不一，有小部分的碎耳。

姥爷说的这些从未听说过，从此以后，每当看到木耳，拿起一朵，想起姥爷说的辨别方法。

拿出木耳泡在水中，过去的画面如同木朵一般，在记忆中绽开。

第三辑

寻味乡间

享受美味忘举觞

火候足时他自美

青岩古镇当家菜

家乡的大酱汤

脂香味厚的米肠

临清进京腐乳

呼兰河的记忆

渤海毛虾，白中透亮

每个人都可以制作美食地图

享受美味忘举觞

乌江镇老桥头第一家“江龙饭店”，靠悬崖公路，另一侧山下是乌江。停下车子，我们选在临江露天座位，一边吃鱼，可以欣赏江水。临江一排美人靠，坐在上面，乌江在脚下流淌。高速公路、铁路大桥从江面飞架而去，自然和现代美交错，乌江多年前可谓天险，每逢雨后，波浪又大又急。当年红军横渡时，许多战士牺牲在这里，鲜血染红江水，当地居民为纪念牺牲的红军战士，三年不吃乌江鱼。一九八二年，乌江渡发电厂建成，截断乌江干流，造出贵州最大的人工湖，乌江从此安静。

选好座位，女服务员领我们去选鱼，鱼由食客自己选定，乌江鲢鱼。鱼有几种做法，受环境影响，要与当地卤水豆腐炖一起，不破坏鱼味。

乌江鱼是用野生鱼，即江中之鲢鱼，加以辣椒烹制，鲜辣味美。从古至今，乌江两岸的百姓食乌江鱼，有自己独有的方法。

我的母校龙井市东山小学，坐落于海兰江边，成立于一九〇五年，是有着一百年历史的汉族小学。透过窗口，看到校园外两条铁轨好像要伸向天际。上课时，经常精力不集中，坐得笔直，双手背在身后，心儿飘向那条铁路。记得老师给我们讲红色故事，乌江天险重飞渡。一九六五年，为纪念红军长征胜利三十周年，开国上将萧华创作《长征组歌》，这是一部红军长征的英雄史诗。

萧华曾经说过："我写《长征组诗》，不知道自己掉了多少眼泪。有些段落，就是一面流泪，一面写的。"谈起创作不易，用心血浇铸的作品。组诗一发表，便引起社会强烈反响。萧华将诗作交给当时北京军区战友歌舞团谱曲，升华为《长征组歌》。

《四渡赤水出奇兵》是长征组歌第四曲，表现毛主席用兵如神，以及红军将士钢铁般的意志。

乌江天险重飞渡，讲述中央红军第二次渡乌江的故事。

一九三五年一月二日，乌江天险被红军踩在脚下。红军渡过乌江后，先后两次攻占遵义，四渡赤水，跳出几十万敌军的围追堵截。

乌江，也叫黔江、涪水。发源于贵州省威宁县乌蒙山麓香炉山花鱼洞，流经贵州和重庆四十六个县区，在涪陵注入长江。乌江，先秦到唐代称为牂牁江，后称内江水、涪陵水、延水。唐时设立黔中道，故唐宋时期，又称黔江，元代称乌江。

乌江两岸群山耸峙，秀而取奇，当地流传着“横走天下路，难过乌江渡”的民谣。乌江水湍急，浪猛涛怒，它是川黔道上的天堑，古时靠船筏横渡，由于技术条件限制无法造桥。光绪六年（1880 年），贵州巡抚岑毓英，在乌江关岩和黄岩间的安皋修建一座铁索桥，十九根铁索牵挂两岸，长十八丈，宽一丈五尺。索桥建成后，它是联系修文和遵义的重要通道，称为“修义桥”。山崖上还刻下了“黔水飞虹”“铁锁横江”的大型石刻。

亨利·大卫·梭罗描写河流：“河流是所有国家的天然公路，不仅为旅行者铺平道路，扫除障碍，提供饮水，载舟而行，而且引导旅行者穿过地球上最富情趣的风景，人口最稠密的地区，那里的动物界和植物界生机盎然，尽善尽美。”

乌江镇是交通重镇，还是美食之乡，乌江鱼与乌江豆腐结合，创造出乌江豆腐鱼。乌江豆腐选择优质黄豆，经过一系列工序，加工而成。其特点滑嫩，入口即化。

天色黑下来，乌江水隐在了黑暗之中，热鱼锅端上桌，乌江鱼肉炖豆腐，香辣袭人。加入灰灰菜，和坡上种的小白菜。我们在“江龙饭店”，吃到乌江豆腐鱼，伴着悠悠的乌江水。

火候足时他自美

猪肉炖粉条，一段时间不吃想得慌。每次回到父母身边，父亲便会拿出东北寄来的粉条，做猪肉粉条炖豆腐。粉条用清水浸入盆中泡软，五花肉、豆腐切骰子块。冷锅热油，投进葱花爆锅，放清水炝锅。肉不要翻炒，直接入锅的肉鲜美。文火炖，一个炖字，体现菜的经典之处，五花肉炖熟出汁，入味柔嫩，肥而不腻。

每次父亲都叨咕东北粉条好，正宗土豆粉，哪地方的都比不上。人年龄大，愿意回忆过去的事情，一件小东西触动回忆。吉林省农安产的粉条好，父亲不止一次赞美。每次去长春在餐店吃饭，上有粉条的菜都会问服务员，农安的粉条吗？我从小生活在龙井市，智新镇明东村有六十多年粉条加工的历史。每逢冬季，他们以传统的方式制作粉条。从粉碎土豆，搅拌到压细条，在过水到晾干工序，靠人工操作，加工的土豆粉条远近闻名。

猪肉炖粉条应该是“大”吃，才会有更浓郁的气氛、味道，姥姥家做饭的锅大，落地灶烧大块木柈子。屋子里弥漫着木炭气息，闻着味道独特，便烙印在情感纹理间。五花肉大，豆腐块大，姜块大，葱段大，再放进大料。这几个“大”弄得心旌荡漾，恨不得此刻便坐在炕头，等待猪肉炖粉条的上桌。

青岩古镇当家菜

青岩古镇，西南茶马古道上十大古镇之一。

在城南旧事客栈向外望去，定广湖漂满睡莲，它们表现出满满的激情。不远处的定广门，青岩镇南门，清顺治十七年（1660 年），班麟贵之子班应寿重修青岩城墙，并建此城门。嘉庆年间，武举人袁大鹏再次修建青岩城墙。咸丰年间，赵状元之父团务总理赵国澍，以整方石新修青岩城墙，四门上搭修城门楼。城楼面阔三间，进深四米多，屋面青瓦覆盖。现在的城门、城楼，于一九九三年，按照史料中的图像修复，二〇〇〇年再次重修。青岩南门通往广顺镇和定番州起点，定广门由此得名，门前石板路为古驿道。

高淳海翻阅菜谱，我在手机上查看青岩古镇历史。他推荐卤猪蹄，还要了糕粑稀饭、米豆腐、豆腐圆子、洋芋粑粑、小米渣。

卤猪蹄，当地人说，它和赵以炯赴京赶考有关系。母亲为他卤制猪蹄，便于路上吃。也许是猪蹄带来了好运气，赵以炯金榜题名，高中状元，从此以后，状元蹄便在青岩传开了。

青岩不算大的小镇，光绪十二年（1886 年），出了状元赵以炯，他是云贵两省自科举以来状元及第而夺魁天下的第一人。

赵以炯，贵阳花溪青岩人，清光绪五年（1879 年）中举人，十二年（1886 年）成进士，参加殿试获第一名。十四年（1888 年），充当四川乡试副考官。十七年（1891 年），赴广西任提督学政。二十一年（1895 年），担任会试同考官。光绪二十六年（1900 年），母亲赵三太陈氏病故后，赵以炯回籍守孝三年。光绪二十九年（1903 年），守孝期满后，回京复职，后感仕途艰难，便辞官返乡在青岩讲学。

赵以炯中状元后，云贵两省都很振奋。京城任监察御史的贵阳人李瑞棻，写下一副楹联祝贺："沐熙朝未有殊恩，听传胪初唱一声，九十人中，先将姓名宣阙下；喜吾黔久钟灵气，忆仙笔留题数语，五百年后，果然文物胜江南。”赵以炯孩童时所作的《咏刺梨》，便初露才华：

生在山间不入盆，擅妍不肯进朱门。

却和龙井酿成酒，贡上唐朝承圣恩。

光绪八年（1882年），赵以炯和堂侄赵沅香不辞辛苦，跨越千山万水，徒步进京应试壬科进士。落榜后毫不灰心，坚定“振奋放眼量”的信心。离开京城，返回青岩继续苦读。有一天，赵以炯在家中的楼上，望着天边的云，写过一首诗：

一上上到赵家楼，目击江翰气横秋。

眼前若无三山堵，看破江南十二州。

光绪十二年（1886年），丙戌科中进士，后参加殿试。赵以炯在保和殿参加殿试，光绪帝出上联：“东启明，西长庚，南箕北斗，谁能为摘星汉？”赵以炯沉着应对下联：“春牡丹，夏芍药，秋菊冬梅，臣愿作探花郎。”此联对仗工整，在当时广为流传。

从导游图上查阅，赵以炯故居在入城门不远处。门前一副对联：“琴鹤谱志，论语传家。”状元府建筑以木质结构为主，三进三出。客房里没有太多摆设，现今陈列主人生前的字画。

赵以炯一介书生，青岩书院淡泊名利，是他精神寄托的地方。

书院为三进四合院，房屋采光好，环境优雅，适合于读书。青岩的富裕人家，把孩子送到书院学习。书院不负众望，培育了一批批秀才、举人和进士。

家乡的大酱汤

今天是二十四节气的白露，谚语说道：“白露秋分夜，一夜凉一夜。”百姓从生活中总结出经验，这句话的意思表示，植物夜里挂起露珠。从白露起，天气由热转凉，冷热交替、昼夜温差变化较大。白露为秋季气候，古人有“春茶苦，夏茶涩，要好喝，秋白露”的说法。

白露时的习俗，老南京人重视白露茶。茶树经过夏季酷热，白露时节是生长的好时期。白露茶不似春茶鲜嫩，不禁泡，也不同夏茶干涩。我家中没有白露茶，只有日照绿、白茶和花茶，选择泡白茶代替白露茶。坐在书房中，敞开窗子流进风，有了秋的味道。伴着茶香，读现代作家骆宾基的《幼年》，书中写道：“院子里晒着农裳。屋檐下晒着豆制的酱块，酱块板下垂着干芥菜、干茄子、干豆角……一切都在晒阳光呀！洛布达在板壁阴凉里垂着舌头喘吁，母鸡们蜷伏在窗下的湿土里洗浴。崔婆在门口的矮凳上坐着，一秒钟前还锥鞋底，一秒钟后鞋底就要从手里坠落了，她也抵抗不了午日醉人的睡眠呀！”描写姜步畏幼年时代的生活，他生长在东北边境小城商人家庭。作家描写的平凡琐事，反映当时社会的世态人情。

骆宾基老家珲春，地名为女真语，也是后来的满语，意思是说“边地、边陲、边陬、近边”。据《珲春乡土志》记载，珲蠢，为魏晋时“沃沮”的变音。一些史料中“浑蠢”，诸多称谓，汉译就是“珲春”。

唐时期珲春进入兴盛期，唐初为拂捏靺鞨南境，白山部东境，后属渤海南京南海府。珲春的防川，曾经架起了隋唐时期与日本的海上丝绸之路。唐代经济文化、民俗宗教由此传到日本，促进两国经济文化交流。唐代珲春属于渤海国，曾建都于八连城，成为东北亚的国际商埠。

清顺治十年（1653 年），珲春为宁古塔昂邦章京统辖地，属于封禁区。清康熙五十三年（1714 年），清政府设珲春协领，珲春地名初次在官方出现。第二年，始建协领衙门在珲春河北岸，并开始建城。雍正七年（1729 年），隶属宁古塔副都统。清咸丰九年（1859 年），珲春协领升为副都统衔协领。光绪十二年（1886 年）七月，都察院左副御史吴大澄与俄方签署《中俄珲春东界约》，重新勘定中俄边界，明确我国拥有图们江出海权。

骆宾基的《幼年》，他以孩子的眼光，描述幼时经历，如同一幅风俗画。“豆制的酱块，酱块板下垂着干芥菜、干茄子、干豆角”，可见酱在东北人心中的重要性。东北有一种说法“百家酱百家味”，每个家庭下酱味道不一。家乡有下酱习俗，走进腊月，选挑饱满的大豆。铁锅翻炒，温水浸泡的鼓胀豆粒，用笊篱捞出，回锅烀煮。投入适量的水，不断地翻炒，锅开小火慢煨。接下来拿着酱杵子把豆子杵碎，豆子黏糊，总是粘在酱杵子上。这是一个力气活，还要有耐性。杵好的豆子做酱块，晾成五分凉，可以塑造成型。做好的酱块，牛皮纸封好，放置于阴地发酵一冬。

翌年农历四月，选择初八、十八,一些好日子下酱。古酱没有一套严格的工艺，完全凭经验完成。谁家的酱好，会引得邻人和亲朋称赞。人们探亲访友也会送大酱块。酱是一日三餐不可少的食物，有客人来，上一碟。朝鲜族人离不开酱，酱汤和辣椒酱，味道辛辣香美，增进食欲。

二〇〇八年，我回延吉时，有一天，朋友请我去了一家餐店，朝鲜族风味。上了两个石锅，一锅米饭，一锅酱汤，还有两碟泡菜。简单的饭菜，食后难以忘怀。我喜好喝酱汤，回滨州后做过几次，但不是那个味。

二十世纪七十年代，物资匮乏，买大酱必须排队。关家小卖部在东方红影院边上，排队的时候，注视马路上往来的人、宣传栏上的电影海报，等多长时间也不会觉得寂寞。小卖部不大，只有一间屋子，货架上摆着一列罐头、几包火柴，还有日常杂货品，柜台边放着两口大缸，分别盛酱油和米醋，装酱的木桶有盖子。大酱不是每天都有，供应紧张时早起排队，端着搪瓷盆。有时会买到十几斤，盖上纱布，穿过影院边上的胡同，沿着军分区墙根回家。母亲把酱装坛子里，纱布包盐粒放在酱上。家中有了酱，生活变得有滋味。熬酱汤时放土豆一炖，满屋子飘起酱的气息。

满族人一年四季离不开酱，甚至包饺子也不放过。生蔬菜蘸酱是民间食法，传说是当年努尔哈赤南征北战时留下来的。

老罕王努尔哈赤统一女真部落，开始对明朝征战。由于不断打仗，长期缺盐，八旗将士们体力不足。努尔哈赤想出一招，可以解军中缺盐。他们每到一地，都要向女真部落调集豆酱。酱成为八旗军中的给养。古时满族有一句俗话：“兵马未动，大酱先行。”满族百姓搬家，大酱块先装车，表示“大酱先行”。

满族入关，不忘老祖宗当年创业艰难，有一条不成文的规矩，故在清宫御膳食中，每顿都要有生酱和蘸酱菜。

一九一七年，骆宾基生于珲春经营茶庄的小商人家中，他记事时，家中已经破产，只能靠变卖存货维特生活。小时候，他经常带一条俄罗斯纯种狗，在冰封的红旗河上玩耍，夏日在青纱帐里追逐。我去过多次珲春，询问当地文友，他家没有遗下东西。读骆宾基“豆制的酱块，酱块板下垂着干芥菜、干茄子、干豆角”，有一种亲切感，也有对家乡的想念。

家乡大酱可做各种佳肴，肉丝炒酱、炸鸡蛋酱、辣椒酱。

蒸辣椒酱，我家现在经常做尖椒酱，碗中放入酱，青尖辣洗净覆酱上，淋浇食油，进屉蒸熟。青尖辣熟烂，筷子搅拌，酱与青尖辣融合，便可开动了。

脂香味厚的米肠

二〇一五年五月，北碚连续十几天阴天，见不到阳光，人的心情低沉。妻妹带着女儿从老家延吉来，去四川广汉中国民用航空飞行学院考空姐。

妻妹不顾旅途遥远，带来真空的朝鲜族米肠。她知道我愿意吃，每次回老家都去东市场买米肠。有一年，我清晨下车，岳母买回热米肠，这么多年想起米肠，回忆起那个情景。

米肠，延边朝鲜族风味美食，食材猪肠、大米、糯米、鲜猪血，经过调味煮制。洗猪肠衣是费时的活，要用精盐和醋搓净，清水浸泡两小时，拿出来洗净。猪板油切成小丁，掺入糯米、大米，冷水加进鲜猪血搅匀。这些食材，加上豆油、酱油、精盐及葱末搅拌，调配成馅料。

猪肠衣口用绳系紧，从另一端灌入肠内馅料，扎紧防止泄漏。放热锅煮熟，切成斜刀片，装盘浇上汁水。米肠脂香味厚，软糯嫩滑，蘸调好的作料，吃起来香辣鲜美。

放寒假在姥姥家，临近过年杀年猪，她用鲜肠做米肠。姥姥家选在腊月二十六，这一天家中繁忙，帮忙的邻居过来，坐在炕沿边上，拉烟匣子卷一颗烟。杀猪在地中央，我趴在炕上看热闹。这头猪有两百多斤，从姥姥眼中看出不舍。每年一开春，姥姥去老头沟赶大集，抓回来猪崽子。在哼哼声中开始养，一天三顿，有时上山坡剜灰菜，在大锅中煮熟了喂。姥姥家住在半山坡，从房门到猪圈，要走十几级台阶。有时我帮着端一大盆猪食，小心走下台阶，倒进猪食槽子里，看着猪大口吃食。

杀年猪时充满节前的欢乐，邻居都赶来围观，人多少体现这家人缘好坏。我姥爷会杀猪，每年自己杀猪，邻居们打下手。接猪血是重要的事情，在盆里放少许水、盐和白面。姥爷抽出刀后，让血流一下，接下的猪血凝固得快，煮后的血呈蜂窝状，有咬头好吃。姥爷自己杀猪，他干活利索，把猪肉各部分，收拾得有条理，老百姓的话说，可以多杀出五斤肉。杀年猪是为自家过年，一般只留半扇猪肉，另半扇分给亲戚邻居。

到了下午，姥姥大显身手。调好灌料端到炕上，洗净的肠衣扎好口，没有灌料的漏斗，姥姥拿着空酒瓶子到外面，对准石头一敲。外面零下三十多度，寒气逼人，玻璃瓶受冷变脆。姥姥回来时，拿着瓶子上半部，她灌米肠，瓶口伸入肠衣，茬口处向外，从那往里灌配料。

我曾经写过一段文字，那是来到山东不久想家时写下的。

“踏在故乡的土地上，如同一本打开的书。扑面而来的风，起伏的山峦，周围草木，都那么亲切。

“小时候喜欢冬天，和小伙伴们在雪地拉爬犁，打雪仗，童年无忧无虑，不知乡愁和离别的滋味。长大离开故乡，愁绪是一杯酽茶。在一些人心中，故乡只是生活的家，有父母和兄弟姐妹，有一座老旧房子、一铺温暖的土炕。而我觉得这样的故乡不完整，缺少心灵之脉的传承。”

对那片土地，我深情怀念，因为生命从这里开始。这段文字现在看起来有些青春懵懂，但情感不掺虚假。

妻妹带来的米肠，让我回味姥姥做的米肠。

临清进京腐乳

二〇〇六年四月，我父亲策划大运河系列纪录片，聊城一集让我去写。在聊城期间，文友们陪我访古迹，品尝当地美食，介绍人文历史。来到聊城第二天，上午去原山西、陕西两省商贾联乡谊、祀神明的山陕会馆，参观海源阁藏书楼。午饭在运河边饭馆吃特色菜，桃园酱牛蹄，武德奎肉饼。有一位文友，送我一盒特产临清进京腐乳。

吃饭时，文友谈起临清进京腐乳，已有两百多年历史，别小看腐乳，它前面有进京两字。百姓中传说，京杭大运河如同绿色绸带，环绕临清城，绸带甩弯处，有一座人工堆积山丘。乾隆皇帝七下江南，沿运河路过临清，在此赋诗弄墨。临清公园西北角的黄土高岭，人们谓之凤凰岭，它与龙山一致，是开凿运河南支时，大量泥土堆积形成。岭狭长形，为南北走向，沿河堤伸展。凤凰岭对岸是卸货码头，岭下有气势宏伟的“三官庙”。一七〇三年，康熙帝南下路经临清，易名为“无为观”。乾隆七下江南路过临清题榜作联，赋诗泼墨。一七六五年，他为“无为观”题“福佑津途”作榜，题“双闸节宣资利济，三元调燮协宁居”作联。一七七〇年，南巡时自“无为观”下船乘马由岭上而过，至头闸口下鸡嘴坝复登舟而去，当地文人将此岭命名为凤凰岭。

当年乾隆帝乘船沿运河南下，在临清凤凰岭下船，地方官员献上特产济美酱园的红豆腐乳，深得皇帝赞扬，皇帝在奏章上朱笔批示，红豆腐乳为进朝贡品。进京腐乳选用优质大豆为原料，经过十几道工序，做出的腐乳咸淡适宜。

清乾隆五十七年（1792 年），济美酱园由安徽省歙县汪永椿创办。初时规模不大，不断发展，清代末年已拥有千口大缸。民国初期，济美酱园与北京六必居、保定槐茂、济宁玉堂齐名，称为江北四大酱园。

我住在大运河边宾馆，读文友送的《聊城名人名胜名产》，其间文友打电话，他说一会过来，陪我去吃托板豆腐、沙镇呱嗒。我走出宾馆，在大运河边散步，那里水雾缭绕，如同一朵绽放的花朵。风雨沧桑，千百年过去了，享有“漕挽之咽喉、天都之肘腋”“江北一都会”美誉的聊城醒来。阳光在水面跳动，大运河由南向北流淌，穿城而过。一条河是城市成长的历史，它与城市兴衰紧密联在一起，共呼吸共成长。随手拈开一页，前尘往事，挟古旧气息扑面而来。

我在运河边等待文友，在不远处的小餐馆，品托板豆腐、沙镇呱嗒，店主送上一小碟腐乳。文友说这是临清进京腐乳，历史上的贡品。腐乳为我国特有的发酵制品，公元五世纪，北魏时期的古书中记载：“干豆腐加盐成熟后为腐乳。”赵学敏编著的《本草纲目拾遗》中记述：“豆腐又名菽乳，以豆腐腌过酒糟或酱制者，味咸甘心。”我夹一点品尝，红色临清进京腐乳，形状整齐，酱香浓郁。听着运河流动声，吃着贡品腐乳，咬一口沙镇呱嗒，它们是绝配美食。

午饭后去海源阁参观，清道光二十年的进士杨以增所建。它与江苏常熟县翟绍基的铁琴铜剑楼，浙江吴兴县陆心源的皕宋楼，浙江杭州丁申、丁丙的八千卷楼，并称为清代四大藏书楼。

走出运河边的小餐馆，我们向海源阁走去，文友在路上，讲述历史中的事情。道光二十年（1840 年），杨以增所建私人藏书楼海源阁，瞿、杨两家收藏的宋元刻本和抄本书为最多，又有“南瞿北杨”的美称。

我们来到海源阁，楼檐中间，悬挂杨以增手书“海源阁”匾额，旁题跋语。阁下中间两柱，上有“食荐四时新俎豆，书藏万卷小琅嬛”的楹联。坐北朝南的古式建筑，结构严谨，古朴典雅。一楼为杨氏家祠，楼上为宋元珍本故籍收藏处，阁前有长廊式书亭两座。

杨氏藏书始于杨以增之父杨兆煜，三代人因为搜求珍善本籍，而闻名于天下。杨以增好藏书，道光五年，开始收藏宋元珍本。五十三岁为父守丧，创建海源阁藏书楼。清末时，海源阁藏书已达三千二百三十六种，共计二十万八千三百多卷。

我在海源阁前停下行走，不想让脚步声打扰安静中的藏书楼。二十世纪三十年代后，海源阁多受战乱之苦，楼舍遭受损毁，珍藏书籍散失，小部分经过许多地方，收入国家图书馆和山东省图书馆。一九九二年十月，聊城市政府筹资重修海源阁。在原址上，按照档案资料中记载修复。海源阁，北方四合院歇山顶建筑风格，亦叫九脊殿，正脊前后两坡是整坡，左右两坡为半坡。青砖和小片灰瓦的两层楼，红漆梁柱，木制花棂子门窗，前出一厦，有几级台阶。

杨以增没有相片留下，只有人们凭文字描述绘出的一张画像。杨以增面慈目善，眼睛中流露出执着的目光。

回忆聊城、贡品腐乳、海源阁。张光直说：“中国美食是否是世界上最伟大的，这一点有待讨论，但并不重要。然而恐怕没有人能够否认，很少有其他的文化像中国这样以食为天。”人类学家所说的以食为天，蕴藏着深刻的内容。

呼兰河的记忆

有一次在北京，请朋友在王府井百货大楼六楼“金掌勺”餐厅吃便饭，要了红烧肘子、尖椒干豆腐、大拉皮，最后一道硬菜，黑龙江名吃得莫利炖鱼。得莫利，俄罗斯语音译，原产地哈尔滨郊区方正县伊汉通乡得莫利村。

一个村子，以炖鱼出名，反映当地自然环境特征。村子北临松花江，村民凭借打鱼维持生计。在二十世纪八十年代初，老夫妇为了生计，发展特色炖鱼，在路边上开家小饭馆。守家不出远门，又能招待打尖吃饭的过路人。

老夫妇就地取材，鲜鱼宰杀腌制，五花肉在老汤中炖制半个小时，松花江活鲤鱼，或鲇鱼、鲫鱼、嘎牙子鱼，配以豆腐、宽粉条炖在一起。东北炖大鱼，以酱炸锅入味，得莫利炖鱼的方法，把酱的风味发挥到极致。东北乱炖菜，炖字含义丰富，属火功菜技法，表现地域特点。备好食材，做起来不复杂，但要有耐心。

二〇一一年九月，我去呼兰河这座小城，来时已到中午，萧红故居马上下班，下午一点开馆。我从未关严的大门，看到院子里萧红的白色塑像。

我们找了一家饭馆，吃哈尔滨当地酱棒骨、松仁小肚，还有大列巴，这是中西文化融合的产物。窗外秋阳下的呼兰河，水流安静，泛起波光。阮葵生的《茶馀客话》记载：“呼兰，因木之中空者，刳使直达，截成孤柱，树檐外，引炕烟出之。上覆荆筐，而虚其旁窍以出烟，雨雪不能入。比户皆然。”呼兰解释为东北地区的木烟囱。

呼兰河，黑龙江和松花江的支流，发源于小兴安岭，上游克音河、努敏河支流，汇合后称呼兰河。呼兰河小城出了女作家萧红，一九四〇年十二月，她完成了《呼兰河传》。以自己童年为线索，描绘呼兰河小城的风俗人情，还有生与死的挣扎。

我来呼兰河小城，探访萧红故居，为萧红传记搜集资料，做写作前准备工作。萧红，我喜爱的作家。在照片上认识萧红，从此走进她的世界里，为她写一本书是多年的愿望，今天终于实现。

几个月的写作，从初春到盛夏，不管窗外季节怎样变化，在文献资料中行走。嗅着时间的气息，重新阅读萧红的作品，在呼兰河边看河灯，听冯歪嘴子敲打的梆子声，闻到祖父身上散发的玫瑰花味。二〇一一年九月，我登上列车去看萧红的呼兰河。一路挂满旅尘，心情和往日不一样。我在后花园里看到秋天的植物，阳光下修复的故居，听到萧红的笑声穿越时空。萧红的爱是大爱，充满温暖的情怀，她如一个孩子，脸贴在故乡的土地上，呼吸着泥土的气息。

我从写作者的角度，以散文化语言来描述她，去感受萧红生命的过程，钩沉历史中遗忘的往事。

在呼兰河边呼吸着温润的空气，吃着得莫利炖鱼。想到很多很多年前，萧红从这里走出，开始艰难的生活，一生四处流浪。

滨州渤海十路，不过几百米街道，有几家东北餐店。为解乡愁，经常去吃家乡菜，有一家做得莫利炖鱼，味道不错。

渤海毛虾，白中透亮

昨天妻子买两个角瓜，中午包素馅包子。妻子出门上班前叮嘱，买虾皮拌馅用。早饭后散步回来，顺便捎买虾皮。时间尚早，走进老白沾化海产品店，店主在擦货架子。我们见面寒暄，店主推荐新进的虾皮，盐少鲜美。

沾化县在黄河三角洲腹地渤海湾南岸，是一座千年古镇，唐朝初年形成村落。公元六百八十八年（唐垂拱四年），设置招安镇。宋庆历二年（1042 年），升镇为县，沿用过去的招安县。金明昌六年（1195 年），更名为沾化县，简称沾城。

沾化气候及海水条件，造就毛虾的生长环境。渤海毛虾皮采用传统虾皮制作方法，味鲜而不俗。毛虾的干制品，分为生与熟两种。虾皮体小，干制后只是一层皮，虾皮由此得名。

二十世纪九十年代，我在《滨州广播电视报》做编辑，当时自办发行。每星期三报纸出来后，跟随报社白色五十铃货车，到各县发送报纸。沾化县发行点马连登，他是文化馆创作员。早晨从报社出发，一路发行，到他家正赶午饭。有时老马盛情款待，虾皮角瓜馅素包子。经过海边村子，路边有卖虾皮子和虾酱。时常停下车，虾皮和虾酱价格相对市里便宜，质量也好。

二〇〇七年十一月二十八日，对于鲁北晚报是特殊的日子，《滨州广播电视报》由行业报纸，改为《鲁北晚报》，不仅报纸的名字变更，且娱乐性转为社会性方向。发展方向不同，需要全新的办报理念。

我在报纸行业工作多年，从创办《滨州广播电视报》，到更改为《鲁北晚报》。我对报纸情感深厚，负责副刊编辑工作，对滨州创作队伍有一定的了解，联系重点作者，在副刊上不断推出。

滨州是黄河文化和齐文化的发祥地，古代军事思想家孙武、宋代政治家范仲淹、汉孝子董永在这里出生或成长。这里传统民间艺术异彩纷呈，乡土气息浓厚，艺术风格独特，其中沾化渔鼓戏还被列入国家级非物质文化遗产。

我对人文历史感兴趣，有时自己去采稿。通过马连登联系当地文化站，采访已有二百八十四年历史的渔鼓戏。据《沾化县志》记载：清雍正元年（1723年），胡家营村重修道观时，有几位道士来此说唱道情。村民喜欢这种表演，学会外来的腔调，经过改革以后，说唱者化装，演唱内容和角色不断扩充，发展成为渔鼓戏。

渔鼓又称道情，是古老的汉族戏曲剧目。原来是道士们唱的曲调，源于唐代九真、承天等道曲。渔鼓本是道家乐器，演唱者怀抱渔鼓，手持简板击节说唱，进行叙事表演。

我们在打麦场，看到渔鼓艺人原生态的表演。沾化民间有句顺口溜：“不娶老婆不睡觉，就是落不下渔鼓调。”看了艺人表演，懂得百姓口耳相传的俗理。

每个人都可以制作美食地图

假日酒店

推开房间门，被对面落地窗外的大海吸引，十几只船在海水中，油画一般恬静。放下旅行箱，卸下双肩相机包，直奔落地窗，要是没有玻璃阻挡，几乎跑向大海。

假日酒店坐落于海边山崖，利用依山傍水的地势特点，客房里的落地玻璃窗，大屏幕似的全景观海。每天清晨，海上传来鸣笛声，天色放亮，拉开宽大的窗帘，映入满眼的是大海。天边染上金色，渲染海面，色彩近乎完美，使人身心极为愉悦。海水深蓝，渔船在海水中轻晃，一些海鸥在岸边逐潮觅食，开始新一天的生活。

大厅开放式的空间，茶台和餐桌由沉船老木精心打磨，墙体装饰的是原木和原石。在这空间中，现代与原生交融，新与旧碰撞，反差强烈，时尚又不失自然的本色，它们与窗外大海相映衬。在这里能听到海浪的韵律声，仿佛它在柔声讲述着古老的故事，如酒店的主题文化“大美恒泰，以海养心”。

窗边有一对休闲椅，一个圆茶桌，从海上游玩回来，泡上一壶清茶，向外眺望，感觉不同。我是为了看北纬39°、东经122°海域生长的野生海参而来，未来之前，看了程远在微信朋友圈中发的许多文章和视频，也读过描写这片海域的美文。这种诱惑，让我有了无限遐象，凭借记忆所提供的材料在大脑中加工，这是产生新形象的心理过程，将过去的经验中已形成的一些联系进行新结合，突破时间和空间的束缚。

我在假日酒店第一次看到野海参，它脱离大海，从深水中成为盘中美食。二十日晚餐，主人为了迎接远方的客人们，做好一桌子美味，凉菜四道，热菜十二道。其中有“葱烧海参”，故而我们相遇不是在大海，而是在餐桌上。品尝一口，果然有自己的个性，大长山岛，暖温带海洋性气候，冬天没有冷酷的严寒，夏天无焦躁的炎热，是夏季宜人避暑的地方。大长山岛地处北纬 39°，受西太平洋与黄渤海岸沿岸流碰撞交汇影响，形成气旋流和动力场，一年四季，平均气温 10℃，是世界公认的优质海刺参产地。

海参种类众多，刺参、婆参、梅花参、方刺参，其中以刺参为珍品。长岛海参即为刺参，主产区在山东半岛和辽东半岛，李时珍《本草纲目》记载有“(海参)产自辽东湾的，质地较好”的说法。徐珂《清稗类钞》云：“海参，以奉天者为最，色黑多刺，名辽参。”海参贮存各种营养，肉质软嫩，它是味道鲜美的食材，“海味八珍”之一。

二〇二〇年十一月二十日，十点十分从济南穿越时空，十一点十分飞至大连。一小时后，已经来到黄海边，从大连北站乘 D7713 动车，于两点十三分到达皮口，又坐船至鸳鸯港。一天奔波，终于在下午三点多，进入恒泰假日酒店。我居住在渤海湾，市场上有各种海产品，海参的摊位很多，没有捕捞过海参，对其了解只囿于吃字上。在寒冬日子，再过两天是二十四节气的小雪，我来到辽东湾，遇见如梦如幻的野生海参。

天寒地冻的日子，却是捕捞海参的时节。湍急海流，造就大连海参特有的品质。

捕捞野海参

一条钓鱼艇在海面上疾驶，拖起一条浪花，寒风扑面，不时有水珠飞溅身上，打在脸上湿润的冰冷。北纬 39°、东经 122° 海域的“主人”刘振江，穿着红色冲锋衣，向前方望去，远处是属于他的海域，是梦想诞生的地方。

钓鱼艇一百五十马力，最高时速每小时达四十海里。海的性格多面性，不是一味的温柔，此时钓鱼艇在水面上疾驶，感受到艇底和水面的碰撞，如同触到坚硬的石头发出颠动。疾行二十多分钟，看到白色“辽长渔运”，这是刘的“海上根据地”。快艇停在大船边，在船上人的帮助下，我们一行人登上甲板。在高处环顾大海，放眼望去，除了海水，还是海水。刘振江在船上向大家介绍，长海海参品质特点，为什么与众不同。

一片海域、一条水波、一朵浪花、一块礁石，都有自己的守护神。只要走进去，就要按照自然法则，不要隐藏虚伪的面孔，妄想征服海洋。在宏伟的大海面前，只有情感的朴白、心灵的真实，才能和平相处。长海海域有自己的个性，每半年换一次海水，它不同于其他海域十七年换一次。长海县海域面积一万零三百二十四平方公里，海岸线近三百五十九公里，岬湾相连，而且岩礁星布，浅海滩涂面积广大。西太平洋流在黄海和渤海碰撞交融，形成强大的气旋流和动力场。水流活，水质清，水动力大。独特的地理优势，适中的海域水温，养育品质好的海参。温差影响海参夏眠，决定海参品质，北纬 39°、东经 122° 海域的海参有夏眠的习性，当水温高于 23℃，海参就会休眠，在沉睡中度过三四个月，俗称夏眠。当寒冬季节，水温低于 2℃，海参就会冬眠，又是三四个月，俗称冬眠。海经过冰冷和热流的交替影响，造就海参的夏眠和冬眠，缓慢生长，确保其品质。刘振江制作自己的海洋地图，向我们普及了的海参知识。我随同他离开大船，下到一只木船，跟随船长和潜水员，去捕捞深海中的海参。船头柴油机轰鸣工作，船尾舱中有一堆氧气瓶，两位潜水员下海捕海参时，它们是生命的保障。潜水员已经穿好潜水衣，他们属于轻潜，自携式潜水装具和管供潜水装具，其配套用品有面罩即水镜，干式潜水衣，腰铅、脚蹼、胶管、潜水刀、潜水手表、水深表。

潜水员身上缠着腰铅，头上戴水镜，小腿侧皮套插潜水刀。从他们眼睛中看到坚定，透出挑战大海的目光。他们潜入海水中，去捕捞低温深海中的野生海参，俗称“蛋子参”。这种参皮厚实，体短粗胖，呈纺锤形，光亮有弹性，内筋宽厚强韧，它们的体态是随着地域环境而形成，为抗击海底洋流冲击和挤压。其底足吸盘发达，参刺粗壮、圆润，呈三角形状。

二〇二〇年十一月二十一日，海上无风无浪。天气预报，第二天将要起风。寒冷的冬天，这样的日子出海是理想的。在北纬 39° 、东经 122° 海域，我们坐在木船上，在船老大张强先的驾驶下，来到捕捞点位。迟东辉与曹赫上穿好潜水衣，腰间系上配重铅块，背上空气压缩瓶，胸前挂上装海参的网兜。我第一次看捕捞参，从潜水员眼中，看不到一丝慌乱，大海中淘生活的日子，对于他已习以为常。

船老大张强先停住船，只是和潜水员目光相碰，不需多余话语。靠在船舷上的迟东辉，身体向后翻仰，倒入大海之中，曹赫随之一头扎入大海。后天是二十四节气小雪，一个人穿着潜水服，投入大海，在深海中忍受寒水浸泡，还要收割海参。我从摄影家孙海的行动，看出他是体验派艺术家。他镜头中不仅是大海，也有一种尊敬。很快看不到两位潜水员的身影，海面恢复平静。我们在清寒中，和船老大张强先唠起捕捞的辛苦。他说起海参捕捞，海参三个半一斤重量才达标准，小于这个数，要放归大海，否则不能加工上市。

时间过得很快，快二十分钟时，大家在海面上搜寻，发现涌起的气泡，表明潜水员在出水。曹赫第一个出现，黄色的输气管显眼，他今年三十岁，来自黑龙江省泰莱县，有着十年潜水捕参的经验。以前大海只是梦想的地方，没有想过有一天，自己要与大海结缘。在大庆做电焊活收入少，亲友帮助下转行，考取潜水证，从此成为潜水捕捞员。他游到船边，递上网兜。他的脸被海水染湿。扒上船，人们察看捕捞的海参不多，他说这时候还有点早，过几天就会好了。

摄影家孙海有着职业习惯，和曹赫交谈起来。曹赫说起七年前难忘的经历，在潜水时遇到了危险。他进行海参捕捞，空气压缩瓶气体输出出现问题，瓶内杂物阻塞二级减压过滤网。在陆上这样的事情发生，可能没有什么，可在水下三十米多深作业，这是致命的打击。忍受海水冲击，没有一点空气可供呼吸。陷入绝望中的人，只是凭着本能的求生欲，拼命向上蹿。上浮说起来容易，在深海中，没有氧气支援的情况下，堪比登天。面对水压对胸肌的挤压，稍不注意，就会出现肺呛水，那是致命一击。短暂的一分钟时间，对于曹赫却是生死之争。正常的时候，做减压停留，三十米深度上浮时间需要十分钟。在特殊情况下，放弃所有规则，经过一番挣扎，曹赫终于浮出水面，呼吸第一口空气，各种感触交织在一起，心情复杂。事情发生后，坐在船上，面对辽阔的大海，曹赫经过很长时间，才使心情平静下来。几个小时后，他排除杂念，重新背上压缩瓶，又一次投入海中。

另一名老家黑龙江的潜水员迟东辉，他来到大长山岛二十多年。他年轻时做过水手，出远海捕鱼，随着年龄增大，不想再经受漂泊，选择离家近的工作，当起捕捞海参的潜水员。这活危险系数大，但能和家人生活在一起，感到非常满意。迟东辉和曹赫年龄不同，人生经历不同。职业养成习惯性动作，每次入水前，不知不觉地摸到右腿上侧的逃生刀，这把刀关键时刻帮助救命。有一次，空气压缩瓶，被废弃的渔网缠住。他凭着经验冷静下来，几次解脱都未能成功。瓶里的气一点点消耗，每呼吸一口，离危险更进一步。在这个时候，刀是最终的逃生手段，割断渔网逃脱困境。

二〇二〇年，首次开采野海参，海参达标的只有几十斤，离大一些规模捕采，还要等几天。有一些海参，被船老大张强先放归大海。野生海参在海中自然繁育，保证野生海参种群的纯正。在海底要长五年以上，才够达到采捕规格。大雪节气以后采捕，达到年限的海参营养更丰富，品质更佳。

鸳鸯港

我住进恒泰假日酒店，没有拉过一次窗帘，喜欢窗外的大海。躺在床上，侧着身子，夜晚看海上渔船发出灯光。睁开眼睛望到大海，随波逐动的船，听到汽笛声，打破清晨的安静。海浪一波波推动，树叶晃动，起风了。

酒店大厅书架上，有一本长岛县志，读到有关鸳鸯港的文字。距离普兰店皮口港八海里，港口海湾外有两块巨大礁石，酷似鸳鸯戏水，得名鸳鸯坨子，因此港口被命名鸳鸯港。

鸳鸯港位于大长山岛西端，它是长海县通往辽东半岛大陆最便捷的港口。大长山岛在群岛中北部，由大长山、哈仙、塞里二十二个岛礁组成，岛岸线漫长，是长海县政治、经济、文化、教育中心。学者丹尼斯·伍德说："每个人都可以制作地图"。北纬 39°、东经 122° 的"主人"刘振江，循着绘制地图的梦想，创造自己一番事业，未来并不是遥不可及的梦。坐上轮渡"海汇号"，透过舷窗望着清晨的大海，大长山岛一点点远去。

一九八四年四月，在海洋岛盐场村，七十五岁的李仁寿，唱起过去出海的老民谣《海浪歌》：

打鱼行船在海上，不见日月观海浪。

莫道海上风不大。无风也起三尺浪。

浪大无风不足怪，今日明日北风强。

无风起浪海发光，夜里海上风雨狂。

风狂雨骤不可怕，雨停风住再出航。

老民谣带着旧日沧桑，听起来苦涩，表现一个时代的缩影。这次在大海探望捕采的经历，对长岛深海野海参，北纬 39°、东经 122° 的“主人”刘振江，有了另一种情感。